清华电脑学堂

# 微课学Adobe XD 移动UI设计

高鹏 / 编著

清華大学出版社

北京

U0662622

## 内容简介

本书采用"基础知识+应用案例"的方式，从实用的角度出发，全面、系统地讲解了 Adobe XD 的各项功能，将枯燥的知识点融入丰富有趣的案例制作中，全面解析移动端 App UI 设计的流程及设计技巧。本书共 7 章，分别为了解 Adobe XD、Adobe XD 的基本操作、Adobe XD 创建与编辑对象、Adobe XD 设计制作产品原型、Adobe XD 设计制作产品 UI、Adobe XD 设计制作页面交互、输出和标注 UI 设计。另外，本书还赠送所有案例的源文件、教学视频和 PPT 课件，方便读者学习和使用。

本书适合 UI 设计爱好者、移动 UI 设计从业者阅读，也可作为各院校相关设计专业的参考教材。

**图书在版编目（CIP）数据**

微课学Adobe XD移动UI设计 / 高鹏编著. -- 北京 ：清华大学出版社，2025. 8.
（清华电脑学堂）. -- ISBN 978-7-302-69774-9

Ⅰ. TN929.53

中国国家版本馆CIP数据核字第2025DJ1912号

责任编辑：张　敏
封面设计：郭二鹏
责任校对：胡伟民
责任印制：刘海龙

出版发行：清华大学出版社
　　　　网　　　　　址：https://www.tup.com.cn，https://www.wqxuetang.com
　　　　地　　　　　址：北京清华大学学研大厦A座　　　邮　　编：100084
　　　　社　总　　机：010-83470000　　　　　　　　　邮　　购：010-62786544
　　　　投稿与读者服务：010-62776969，c-service@tup.tsinghua.edu.cn
　　　　质　量　反　馈：010-62772015，zhiliang@tup.tsinghua.edu.cn
　　　　课　件　下　载：https://www.tup.com.cn，010-83470236
印　装　者：北京博海升彩色印刷有限公司
经　　销：全国新华书店
开　　本：170mm×240mm　　印　　张：12.75　　字　　数：330千字
版　　次：2025年9月第1版　　印　　次：2025年9月第1次印刷
定　　价：79.80元

产品编号：090101-01

# 前言

在科技不断发展的今天，手机与大众生活的联系日益密切，其功能也越来越强大，而手机的软件系统因其美观实用、操作便捷为用户所青睐，已成为用户直接操作的主体，因此用户界面设计的规范性就显得尤为重要。

本书主要依据不同移动系统的构成元素，由浅入深地讲解使用 Adobe XD 设计制作 App 产品 UI 的方法和技巧。本书结合第三方制作的实例进行讲解，详细地介绍了制作步骤和软件的应用技巧，使读者能轻松地学习并掌握。

## 本书章节及内容安排

本书从实用的角度出发，全面、系统地讲解了 Adobe XD 的各项功能和使用方法，书中内容基本上涵盖了 Adobe XD 的全部工具和重要功能，并运用多个精彩实例贯穿于整个讲解过程，操作一目了然，语言通俗易懂，适合读者自学。

本书共分为 7 章，各章的主要内容如下：

第 1 章，讲解 Adobe XD 的基础知识，包括移动端 UI 设计基础、移动 UI 设计流程、移动 UI 设计常用工具、关于 Adobe XD、下载和安装 Adobe XD、Adobe XD 的工作界面和 Adobe XD 的帮助资源等内容。

第 2 章，讲解 Adobe XD 的基本操作，包括使用主页、新建文件、创建和管理画板、打开文件、导入文件、存储文件、获取 UI 套件、撤销与恢复操作，以及辅助工具等内容。

第 3 章，讲解 Adobe XD 创建与编辑对象的方法，包括创建对象、编辑对象、布尔运算和为对象设置样式等内容。

第 4 章，主要讲解 Adobe XD 设计制作产品原型的方法，包括创建文本、管理文本、形状蒙版、重复网格、设置滚动和设置版面等内容。

第 5 章，讲解使用 Adobe XD 设计制作产品 UI 的方法，包括创建库资源、应用库资源、管理和编辑库资源、使用图层、效果和混合模式，以及使用 3D 变换进行透视设计等内容。

第 6 章，讲解使用 Adobe XD 设置制作页面交互的方法，包括添加交互、自动制作动画、使用其他方式构建交互、创建定时过渡、添加叠加、创建锚点链接和预览 UI 设计等内容。

第 7 章，讲解输出和标注 UI 设计的方法，包括使用 Adobe XD 输出设计资源、输出 iOS 系统的 UI 设计、输出 Android 系统的 UI 设计和标注移动 App UI 设计等内容。

　　本书的知识结构清晰、内容有针对性、案例精美实用，随书附赠了书中所有案例的教学视频、源文件和 PPT 课件，用于补充书中部分细节内容，方便读者学习和参考。读者扫描下方二维码，即可下载获取。

　　教学视频　　　　　　　　　源文件　　　　　　　　　PPT 课件

　　由于编者水平和经验有限，书中难免有不足之处，敬请读者批评指正。

编者

# 目录

在数字化浪潮的持续推动下，UI 设计领域正经历着深刻的变革与迭代。其中，移动端 UI 设计凭借其庞大的用户基数与独特的交互特性，迅速崛起并逐渐成为行业发展的核心驱动力与主导趋势，引领着 UI 设计不断突破创新边界。为顺应这一变革，Adobe 公司匠心打造了 Adobe XD 这一综合性设计工具，它无缝融合了原型设计与 UI 设计的强大功能，旨在让设计师的工作流程更加流畅、高效，从而轻松应对设计挑战，创作出卓越的用户界面。

### 知识目标

- 了解移动 UI 设计的基础知识。
- 掌握不同移动 UI 设计平台的特点和区别。

### 能力目标

- 能够掌握移动 UI 设计的设计流程。
- 能够熟悉移动 UI 设计常用工具的使用。

### 素质目标

- 熟悉移动 UI 设计流程，使学生具有较强的事业心和责任心。
- 熟悉 Adobe XD 的工作界面，能够配合团队其他人员完成工作。

## 1.1 移动端 UI 设计基础

设计人员想要设计出好的移动 UI 作品，首先要了解移动 UI 的基础知识，包括移动 UI 设计的概念、移动 UI 设计平台、移动 UI 设计流程、移动 UI 的常用设计工具，以及移动端与 PC 端 UI 设计的区别等内容。

通过了解移动 UI 设计的基础知识，可以帮助设计人员从本质上理解 UI 设计的内容和原理，从而充分发挥自身的设计理念，设计出更多既符合行业需求，又能满足用户需求的 UI 作品。

### 1.1.1 了解移动 UI 设计

UI 是 User Interface 的简称,可直译为用户界面。UI 设计则是指对软件的人机交互、操作逻辑和界面美观的整体设计。

UI 设计的范围很广,大到 Windows 操作系统,小到输入法软件,都会涉及 UI 设计。日常生活中常见的银行 ATM 取款机界面和智能快递柜界面都属于 UI 设计范畴,而移动 UI 设计通常是对智能手机、平板电脑和智能穿戴等移动设备中应用程序的界面设计。图 1-1 所示为不同移动设备中的 UI 设计。

图 1-1　不同移动设备中的 UI 设计

图 1-2　淘宝和当当在移动设备中的 App 界面

App 是 Application 的缩写,通常指安装在智能手机上的软件,其用来完善原始系统的不足并展现个性化功能,为用户提供更加丰富的使用体验。可以简单理解为 App 就是移动设备中的应用程序。图 1-2 所示为淘宝和当当在移动设备中的 App 界面。

**提示**

用户在选择移动端应用程序时,往往倾向于选择那些界面视觉既清晰又美观,并能提供卓越用户体验的应用。

鉴于当前市场上移动应用种类繁多,而界面设计风格与用户体验质量却参差不齐,设计人员面临着双重挑战:一是如何精准把握用户需求,打造吸引用户注意力且操作流畅的应用界面;二是探索有效的盈利模式,确保软件在赢得用户青睐的同时实现商业价值。这两点成为了设计团队必须深入思考和精心策划的关键议题。

### 1.1.2 移动端 UI 设计平台

在设计移动设备的 UI 界面时,必须充分考虑不同系统平台的影响。目前常见的三大系统——iOS、Android 和 HarmonyOS,各自拥有独特的界面规范与用户交互习惯,这要求设计师深入了解并遵循这些平台的设计指南。

而对于智能手表领域,Wear OS 与 Watch OS 则是当前常见的系统平台,它们对 UI

界面的设计提出了更为紧凑、高效且适应小屏幕特性的要求，同样需要设计师精心策划与适配。

### 1. iOS 系统和 iPadOS

iOS 系统是由苹果公司开发的操作系统，最初被命名为 iPhone OS，直到在 2010 年 6 月的苹果全球开发者大会上被宣布改名为 iOS。随着移动设备的发展，iPad 的尺寸越来越大且具有多样性，为了获得更好的用户体验，苹果公司在 iOS 的基础上，研发了 iPad 专用的 iPadOS 系统。

1）iOS 系统

相对于 Android 系统来说，iOS 系统具有比较稳定、安全性高、整合度高和应用质量高的特点。

- 稳定。

iOS 系统是一个完全封闭的系统，不开源，但是这个系统有着严格的管理体系和评审规则。由于 iOS 系统闭源，更多的系统进程都在苹果公司的掌控之中，因此系统运行较为流畅和稳定。不会出现像 Android 系统那样后台程序繁多并影响系统响应速度的现象。

- 安全性高。

图 1-3　iOS 6 和 iOS 15 的系统界面

对于用户来说，保障移动电子设备的信息安全具有十分重要的意义，不管是企业信息、客户信息、个人照片、银行信息和地址等，都必须保证其安全。苹果公司对 iOS 系统生态采取了封闭措施，并建立了完整的开发者认证和应用审核机制，因而恶意程序基本没有入侵的机会。

iOS 设备使用严格的安全技术和功能，使用起来十分方便。iOS 设备上的许多安全功能都是默认的，无须对其进行大量设置，而且某些关键性功能，如设备加密，则不允许配置，这样就会避免出现用户意外关闭这项功能的情况。

- 整合度高。

iOS 系统软件与硬件的整合度相当高，大大降低了它的分化性，在这方面 iOS 系统远胜碎片化严重的 Android 系统。同时，整合度高也增加了整个 iOS 系统的稳定性，经常使用 iPhone 的用户也能发现，手机很少出现死机和无响应的情况。

- 应用质量高。

作为目前最为流行的移动端操作系统之一，iOS 系统与 Android 系统一样，也拥有大量的用户及开发人员。但由于 iOS 系统的封闭性和审查制度，iOS 系统中的应用相对于 Android 系统来说，无论是从界面设计还是操作流畅性，质量都会高一些。

> **提示**
>
> 由于 iOS 系统的封闭性及其过度依赖 itunes，使系统的可玩性较弱。用户大部分数据的导入和导出都相对烦琐，在现在这个硬件层出不穷、知识共享的年代，如果不作出及时的应对，或许会严重影响 iOS 的发展。

2）iPadOS

iPadOS 是苹果公司基于 iOS 研发的移动端操作系统系列，于 2019 年 6 月推出的。iPadOS 主要运用于 iPad 等设备，聚焦了 Apple Pencil、分屏和多任务互动功能，并可与 Mac 进行任务分享。

2019 年 6 月，在 2019 苹果全球开发者大会上，苹果首次发布 iPadOS，并在会后向用户推送了 iPadOS 13 首个开发者预览版。2019 年 9 月，苹果公司推送了首个 iPadOS 13 正式版。图 1-4 所示为应用了 iPadOS 13 和 iPadOS 15 的 iPad 界面

图 1-4　iPadOS 13 和 iPadOS 15 的 iPad 界面

iPadOS 的推出标志着苹果公司开始为其移动操作系统进行细分，也标志着苹果 iPad 至此以后有了自己的操作系统，可以充分发挥 iPad 的性能和优势。iPadOS 为用户提供经典友好的 iOS 体验，同时让高端硬件对于专业用户来说更有价值、更有意义。

### 2. Android 系统

Android 是一种以 Linux 为基础的开放源码操作系统，主要应用于移动设备。Android 公司于 2003 年在美国加州成立，2005 年被 Google 公司收购。由于 Android 系统免费供用户使用，因此它已成为全球最受欢迎的智能手机操作系统之一。

从 Android 1.5 开始到 Android 9.0，依次为纸杯蛋糕、甜甜圈、松饼、冻酸奶、姜饼、蜂巢、果冻豆、奇巧巧克力、棒棒糖、棉花糖、牛轧糖、奥利奥、派。图 1-5 所示为"甜甜圈"版本和"派"版本的图标。

图 1-5　Android "甜甜圈" 版本和 "派" 版本的图标

自 2019 年 9 月 Android 10.0 版本开始，直接使用数字表示 Android 的版本，不再使用甜点名称命名。2020 年 9 月，发布了 Android 11.0；

相对于 iOS 系统来说，Android 系统具有系统开源、跨平台性及应用丰富等特点。

1）系统开源

Android 系统的最底层使用 Linux 内核和 GPL 许可证，也就意味着相关的代码必须是开源的。开源带来快速流行的能力与较低的学习成本，各个手机厂商无须自行开发手机操作系统，因此纷纷采用 Android 系统，甚至各家厂商可以按照自己的目的进行深度定制。例如小米的 MIUI 系统和 OPPO 的 ColorOS 系统，都是在 Android 系统的基础上改进而成的，如图 1-6 所示。

开源促进了学习研究社区的迅速兴起，相比 iOS 系统，Android 系统的开源对于开发者来说，是一个更适合研究与修改的系统，同时还不受不开源系统的限制。

MIUI 系统　　　　ColorOS 系统

图 1-6　Android 系统深度定制系统

开源带来的另一个优势就是降低了手机厂商的成本。除去操作系统开发的高成本，Android 系统厂商的手机价格可以控制在很低的水平；或者在同样价位中相对 iOS 拥有更高端的硬件配置。因此在中低端市场，Android 系统手机有着绝对的市场占有率；在高端市场与 iOS 系统手机相比，同样毫不逊色。

2）跨平台性

由于使用 Java 对 Android 系统进行开发，所以 Android 系统继承了 Java 跨平台的优点。任何 Android 应用程序几乎无须修改就能运行在所有的 Android 设备上。简单来说，就是 Android 厂商可以自行使用各种各样的硬件设备，不仅限于智能手机，也包括平板电脑、智能手表、电视和各种智能家居。

Android 系统的跨平台性也极大地方便了庞大的应用开发者群体。同样的应用，对不同的设备编写不同的程序是一件极其浪费劳动力的事情，而 Android 系统的出现很好地改善了这一情况。

3）应用丰富

操作系统代表着一个完整的生态圈，而一个孤零零的系统，即使设计得再好，也很难成为主流的操作系统。

Android 系统由于其本身的特点及 Google 公司的大力推广，很快就吸引了开发者的注意。时至今日，Android 系统已经积累了相当多的应用，丰富的应用使得 Android 系统更加流行，从而吸引更多的开发者开发出更多更好的应用，形成良性循环。

**3. HarmonyOS 系统**

2019 年 8 月，华为在东莞举行华为开发者大会，正式发布操作系统 HarmonyOS（鸿蒙 OS）。2023 年 8 月，华为发布了 HarmonyOS 4 及多款搭载 HarmonyOS 4 的新产品。

提示

截至 2024 年 6 月，搭载 HarmonyOS 系统的物联网设备（手机、Pad、手表、智慧屏、音箱等智慧物联产品）已经超过 9 亿台。2024 年 8 月，华为鸿蒙 Next（HarmonyOS Next）操作系统开发者预览版正式发布。

HarmonyOS 是一款面向未来、面向全场景的分布式操作系统，采用一套开发系统驱动不同终端设备的理念，即开发一次，万物互联，手机、平板电脑、智能穿戴、智能家居和车机等，统一可以实现应用的功能。图 1-7 所示为 HarmonyOS 系统应用到智能手机和智能电视的 UI 效果。

图 1-7　HarmonyOS 系统应用到智能手机和智能电视的 UI 效果

HarmonyOS 系统采用跨终端开发的方式，一次开发，可以部署到多端，而且不仅限于自家产品，更有利于开发人员将开发时间更多地聚焦到业务逻辑层面。同时，HarmonyOS 系统兼容安卓端，方便用户使用，没有学习成本，比安卓拥有更快的性能和更高的安全性。

对于用户而言，可以体验智能互联，资源共享，提供流畅的全景式体验。例如笔记本和平板电脑之间的互联，可以作为一块新屏幕，也可以同步笔记本计算机的视图，大大提高生产力。还有手机与烤箱、油烟机等智能家居的互联，靠近设备就可以使用手机来进行控制。

对于开发者而言，只需一套开发工具即可以在不同设备上运行，大大节省了开发时效，提升了便捷的开发体验。

华为的 HarmonyOS 操作系统宣告问世后，在全球引起反响，人们普遍相信，这款中国电信巨头打造的操作系统在技术上是先进的，并且具有逐渐建立起自己生态的成长力。它的诞生拉开了永久性改变操作系统全球格局的序幕。

## 1.1.3　移动端与 PC 端 UI 设计的区别

PC 端 UI 设计是指电子计算机中所有软件的用户界面设计，而移动 UI 设计主要是指智能手机和平板电脑中所有 App 的界面设计。从设计载体的角度来说，两者在屏幕尺寸、设计范围和交互操作上都有很大不同。

### 1. 屏幕尺寸不同

移动设备的屏幕一般都比较小，又受到不同系统的限制，因此每一个页面中所摆放的东西较少，需要通过多层级的方式扩充内容。而 PC 端 UI 设计则没有这个顾虑，每一页中都尽量多放东西，从而减少层级。

例如 PC 端的淘宝，整个页面尺寸较大，可摆放内容的空间也大，用户只需通过二级页面就可以看到想要的内容，如图 1-8 所示。而移动端的淘宝 App 层级较多，用户想要找到感兴趣的商品，往往需要一层一层地查找，如图 1-9 所示。

图 1-8　淘宝 PC 端页面

图 1-9　移动端淘宝 App 页面

### 2. 设计范围不同

PC 端 UI 通常使用鼠标操作，而移动端 UI 则使用手指操作。鼠标操作的精度非常高，而手指的精确度则相对较低。因此，PC 端 UI 的图标一般都比较小，而移动端的图标则要大很多。图 1-10 所示为微信 PC 端和移动端界面对比。

图 1-10　微信 PC 端和移动端界面对比

### 3. 交互操作不同

PC 端 UI 中可以展现的 UI 交互操作习惯更多，如单击、双击、按住、移入、移除、右击和滚轮等；而移动端 UI 的功能相对较弱，只能实现点击、按住和滑动等操作。

例如移动端爱奇艺视频，左边上下滑动可以调整亮度，右边上下滑动可以调整声音，最下面左右滑动可以调整视频的进度，双击可以暂停播放。图 1-11 所示为移动端爱奇艺 UI。

图 1-11　移动端爱奇艺 UI

PC 端的爱奇艺视频则是通过单击、双击、右击和滚轮进行多种操作，图 1-12 所示为 PC 端爱奇艺 UI。

图 1-12  PC 端爱奇艺 UI

## 1.2 移动 UI 设计流程

UI 设计只是移动 UI 设计中的一个步骤，要想更好地理解 UI 设计的工作流程，必须先了解移动 UI 设计阶段的工作流程。按照移动 UI 设计的先后顺序，设计流程可以分为需求分析、交互设计、视觉界面设计、开发测试和发布运营 5 个步骤，如图 1-13 所示。

图 1-13  移动 UI 设计流程

**提示**

此处的设计流程针对的是一个大型设计公司，如果是微小的创业公司，则可以作为参考，并不能全盘套用。由于本书主要讲解移动 UI 设计，因此开发测试和发布运营部分的内容将不再讲解。

### 1.2.1  需求分析

一款成功的 UI 设计作品，其产品需求分析尤其重要。一个全面且正确的产品需求分析文档是产品成功的首要条件。

需求分析是一个"烧脑"的工作阶段，这个阶段需要产品经理、交互设计师，甚至公司市场、运营等各个部门参与，做大量的研究和提炼工作。一般通过市场分析、用户需求分析、竞品分析、产品功能设计和功能技术分析等步骤，最终整理和规划出需求文档，图 1-14 所示为需求分析的主要步骤。

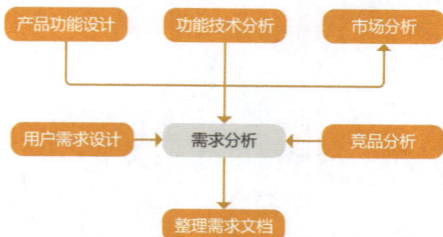

图 1-14  需求分析的主要步骤

### 1.2.2　交互设计

将需求分析整理为文档后，接下来开始进行交互设计。交互设计是产品成形的阶段，产品从抽象的需求转化成具象的界面，需要产品经理和交互设计师配合完成，当然大部分公司都是由产品经理独立完成的。交互设计的工作流程如图 1-15 所示。

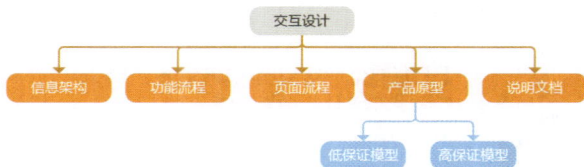

图 1-15　交互设计的工作流程

### 1.2.3　视觉界面设计

移动端产品的视觉界面设计可以简单归纳为视觉概念稿、视觉设计图和标注切图 3 个步骤，下面逐一进行讲解。

#### 1. 视觉概念稿

在开始正式的视觉设计之前，可以首先挑选几个典型的 App 页面，完成不同的风格设计稿，让客户或者领导从中选择一种风格，将其确定为视觉风格后，再进入下一步工作，避免推翻重做的风险。图 1-16 所示为视觉概念稿的工作流程。

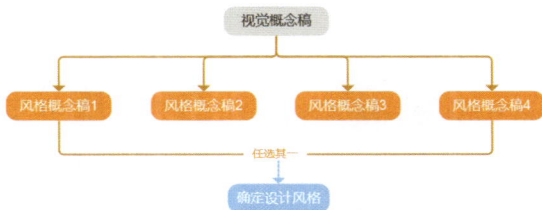

图 1-16　视觉概念稿的工作流程

#### 2. 视觉设计图

视觉设计也是一个很复杂的工作流程，它是展现在用户面前最直观的产品内容，将直接影响产品在用户心中的印象。

因此，视觉设计图需要延续用户体验设计原则，同时能很好地表达产品的设计风格。完成视觉设计之后，还需要建立标准控件库和页面元素集合等视觉规范，使设计团队的工作统一化和标准化。图 1-17 所示为视觉设计图的工作流程。

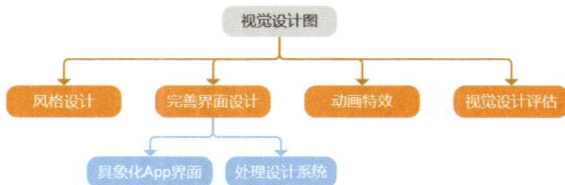

图 1-17　视觉设计图的工作流程

### 3. 标注切图

视觉设计完成后，需要给设计稿做标注，方便前端工程师切图。标注的内容主要为边距、间距、控件长宽、控件颜色、背景颜色、字体、字体大小和字体颜色等内容。图 1-18 所示为标注 UI 设计。

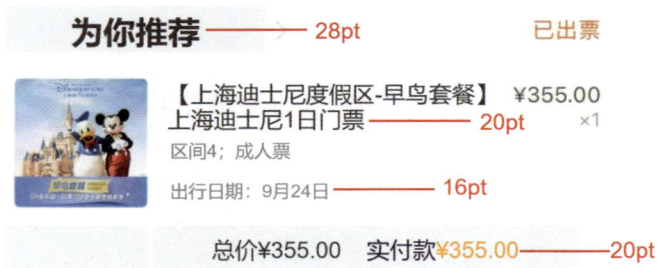

图 1-18　标注 UI 设计

> **提示**
>
> 前端工程师是开发测试阶段的工作人员。前端工程师和 UI 设计师都可以为视觉设计图进行切图适配等工作，具体情况由所属公司的工作分配决定。

为视觉设计图进行标注后，需要为设计稿进行常见机型的适配工作。简单来说，就是将设计稿调整为常见机型的屏幕尺寸，然后逐一输出。最后，将输出的不同尺寸设计稿和切图标注的文件进行打包，整理后交予开发人员。

## 1.3　移动 UI 设计常用工具

在进行移动 UI 界面设计时，会使用很多软件帮助设计师完成原型设计、界面设计、交互设计及设计稿输出等工作。下面针对常用的几款软件进行介绍。

### 1.3.1　XMind 和 Axure RP

XMind 是一款思维导图软件，Axure RP 是一款原型设计软件。使用这两款软件，能够在 UI 设计初期更好地设计 UI 层级关系和交互模型。

#### 1. XMind

XMind 是一款易用性很强的软件，通过 XMind 可以随时开展头脑风暴，帮助人们快速理清思路。XMind 绘制的思维导图、鱼骨图、二维图、树状图、逻辑图、组织结构图等以结构化的方式来展示具体的内容，设计师在用 XMind 绘制图形时，可以时刻保持头脑清晰，随时把握计划或任务的全局，它可以帮助人们在学习和工作中提高效率。

用户可从 XMind 和 XMind ZEN 两个版本中选择使用，两者没有本质的区别，XMind ZEN 是一个在 XMind 基础上重新设计的版本，不但具备 XMind 全面的思维导图功能，同时还有重新设计的界面和交互方式。图 1-19 所示为 Xmind ZEN 2020 的启动图标和工作界面。

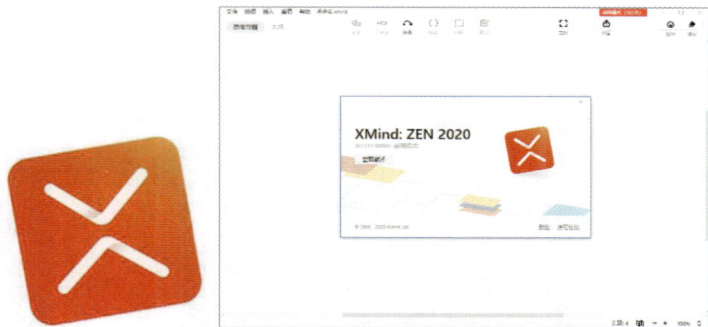

图 1-19　XMind ZEN 2020 的启动图标和工作界面

### 2. Axure RP

Axure RP 是美国 Axure Software Solution 公司开发的一款专业的快速原型设计工具，让负责定义需求和规格、设计功能和界面的专家能够快速创建应用软件或 Web 网站的线框图、流程图、原型和规格说明文档。

作为专业的原型设计工具，Axure RP 能快速、高效地创建原型，同时支持多人协作设计和版本控制管理。图 1-20 所示为 Axure RP 10 软件的启动图标与工作界面。

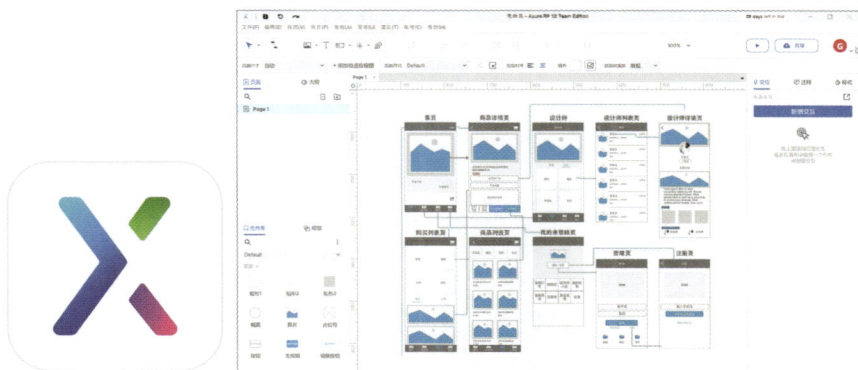

图 1-20　Axure RP 10 的启动图标与工作界面

> **提示**
>
> 使用 Axure RP 完成的 UI 作品，只能用来预览移动端 UI 设计的结构和交互效果，而不能用于实际的 App 开发中。

## 1.3.2　Photoshop 和 Sketch

Photoshop 和 Sketch 都可以完成移动端 UI 的绘制，但在制作的难易度和输出便捷性上有很大的差别。

### 1. Photoshop

Photoshop 是一款图像编辑软件，主要用于处理位图图像，可以完成图像的格式和模式转换，能够实现对图像的色彩调整。Photoshop 有很多功能，在图像、图形、文字、视频和出版等各方面都有涉及。

Photoshop 是 UI 设计中最常用的软件之一，最新版本中增强了对移动 UI 设计的支持。图 1-21 所示为 Photoshop CC 2023 的启动界面和工作界面。

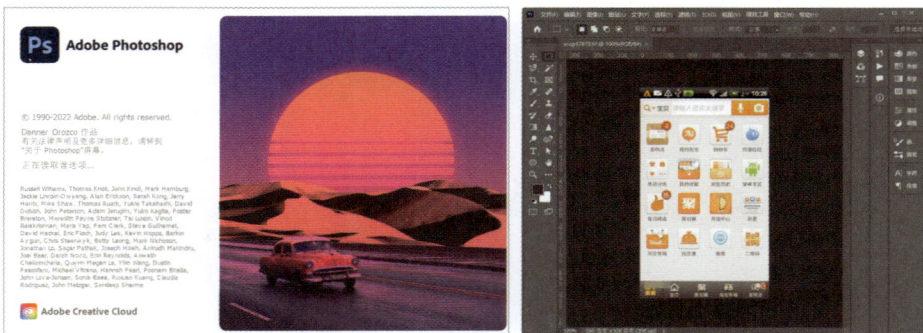

图 1-21　Photoshop CC 2023 的启动界面和工作界面

### 2. Sketch

Sketch 是一款适用于所有设计师的矢量绘图应用。矢量绘图也是目前进行网页设计，图标设计及界面设计的最好方式。除了矢量编辑的功能，Sketch 同样添加了一些基本的位图工具，比如模糊和色彩校正。

Sketch 是为图标设计和界面设计而生的，它是一个有着出色 UI 界面的一站式应用，所有工具都触手可及。在 Sketch 中，画布是无限大小的，每个图层都支持多种填充模式；拥有最棒的文字渲染和文本样式，还有一些文件导出工具。图 1-22 所示为 Sketch 的启动图标和欢迎界面。

图 1-22　Sketch 的图标和欢迎界面

> **提示**
>
> Sketch 是 macOS 独占软件，该软件必须在 macOS 系统下才能安装并正常使用。

## 1.3.3　Adobe XD 和 Figma

Adobe XD 兼具了原型设计、UI 设计、交互设计和输出功能，是目前 UI 设计领域最受欢迎的软件之一。Figma 是一款新型的基于浏览器的 UI 设计工具。

### 1. Adobe XD

Adobe XD 是一站式 UX/UI 设计平台，在这款软件中，用户可以进行移动应用和网页设计与原型制作。同时，它也是唯一一款结合设计与建立原型功能，并同时提供工业级性能的跨平台设计产品。

设计师使用 Adobe XD 可以更高效、准确地完成静态编译或者框架图到交互原型的转换。该软件的启动图标和工作界面如图 1-23 所示。

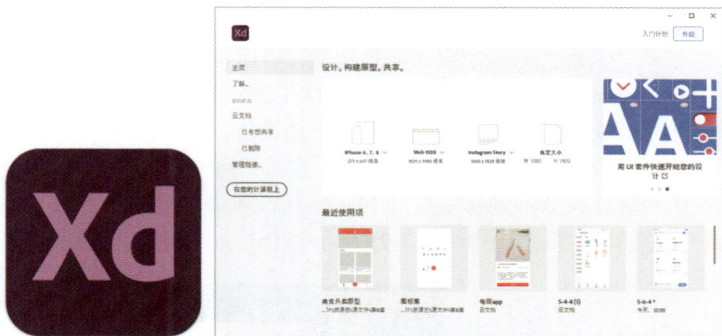

图 1-23　Adobe XD 的启动图标和工作界面

### 2. Figma

Figma 是一个基于浏览器的协作式 UI 设计工具，Figma 从推出至今越来越受到 UI 设计师的青睐，如今也有很多设计团队放弃了 Sketch，转身投入了 Figma 的怀抱。

无论用户使用的是什么系统（Windows、Chrome、Linux、Mac、TNT），都可以使用 Figma 完成 UI 设计。同时无须保存文件，设计文件对于用户来说只是一个链接。Figma 支持历史版本恢复，免费版最多保存 30 天，专业或团队版无限制保存。

Figma 是为 UI 设计而生的设计工具，除了有与 Sketch 一样基本的操作和功能，还有许多专为 UI 设计而生的强大功能。用户可以在 Figma 里面无缝完成从设计到原型演示的切换，不需要反复同步设计图到第三方平台，同样可以利用 Figma Mirror 在手机上预览效果。工程师可以在设计图上量取位置，并且可以导出所需的任何资源（包括 CSS、iOS、Android 样式）。

在 Figma 里，设计和协作可以是同时进行的，任何人都可以在设计图的任何地方添加评论，可以在评论中 @ 其他人或将评论标记为已解决。图 1-24 所示为 Figma 的启动图标和工作界面。

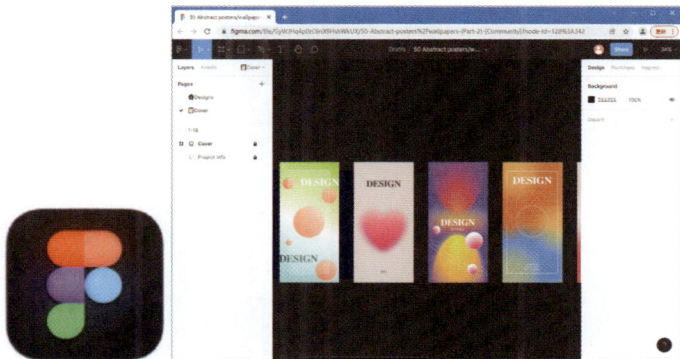

图 1-24　Figma 的启动图标和工作界面

### 1.3.4　PxCook 和 Assistor PS

PxCook 和 Assistor PS 都是 UI 切图与标注工具软件。PxCook 是一个独立运行的软件，而 Assistor PS 虽然也可以独立运行，但需要与 Photoshop 一起配合使用。两款软件的操作方法也不相同，用户可以根据个人喜好进行选择。

#### 1. PxCook

PxCook 也被称为像素大厨，主要功能是帮助设计师完成设计稿的标注和切图工作。PxCook 可以对在 Photoshop、Sketch 和 Adobe XD 中完成的设计稿进行标注，可以在 dp 和 px 之间快速随意转换，所有标尺数值都可以手动设置。用户还可以根据自己的具体需求进行设置，提高用户设计时的工作效率。

PxCook 软件同时兼容 Windows 系统和 Mac 系统，可以与 Photoshop、Sketch 和 Adobe XD 软件配合，完成精确的切图操作。图 1-25 所示为 PxCook 的启动图标和工作界面。

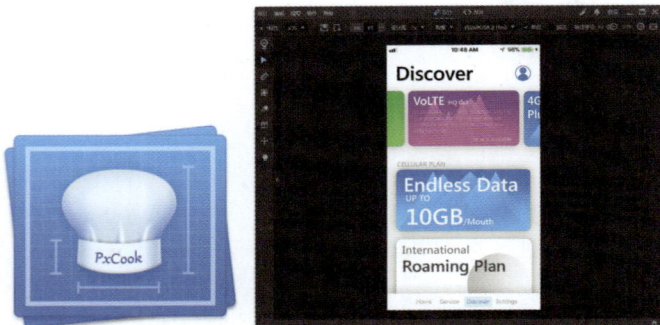

图 1-25　PxCook 的启动图标和工作界面

#### 2. Assistor PS

Assistor PS 是一个功能强大的 Photoshop 辅助工具，可以完成切图，标注坐标、尺寸、文字样式注释和画参考线等功能，可以为设计师节省很多时间。Assistor PS 不是扩展插件，而是一款独立运行的软件。

Assistor PS 同时兼容 Windows 系统和 Mac 系统。在 Photoshop 中选择一个图层后，即可使用它的功能。图 1-26 所示为 Assistor PS 的启动界面和工作界面。

图 1-26　Assistor PS 的启动界面和工作界面

## 1.4　关于 Adobe XD

由于本书主要使用 Adobe XD 来完成各个移动端 UI 界面的设计制作，因此在开始制作移动端 UI 设计前，为读者简单介绍一下 Adobe XD 的应用领域和特点。

### 1.4.1　Adobe XD 简介

Adobe XD 全称为 Adobe Experience Design，是一款集原型设计、UI 设计和 UX 设计于一体的设计工具，也就是说，它可以帮助 UI 和 UX 设计师快速构建移动端 App 和 PC 端网页的原型与 UI 设计，包含线框图、UI 设计、UX 设计、动画制作、预览和共享等功能。图 1-27 所示为 Adobe XD 的启动图标和启动界面。

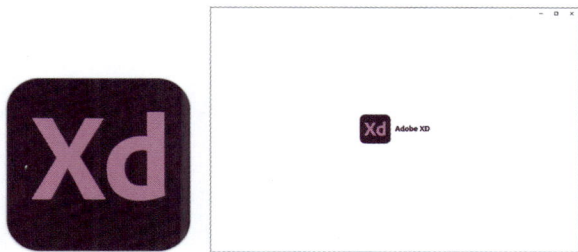

图 1-27　Adobe XD 的启动图标和启动界面

知识链接：Adobe XD 开发公司简介

Adobe 公司成立于 1982 年，总部位于美国加州圣何塞市，其产品遍及图形设计、图像制作、数码摄影、网页设计和电子文档等诸多领域。公司产品除了 Adobe XD，还包括了众所周知的图形处理软件 Photoshop、多媒体动画制作软件 Animate（Flash）、专业排版软件 Indesign、电子文档软件 Acrobat、插画大师 Illustrator 及影视编辑软件 Premiere 等。

使用 Adobe XD 可以轻松完成界面设计领域与用户体验领域的双重工作，因此，它对于产品经理与 UI/UX 设计师来说非常实用。

Adobe XD 是唯一一款将 UI 设计与交互原型功能相结合的设计工具，同时为使用者提供工业级性能的跨平台设计功能。具体表现就是使用 Adobe XD 可以更高效、准确完成从静态页面或者线框图到交互原型及 UI 界面的转变。也就是说，Adobe XD 的应用领域包括原型设计、交互设计和 UI 设计 3 个。

### 1.4.2　Adobe XD 的特点

相较于 Photoshop 与 Illustrator，Adobe XD 的使用方法比较简单；同时，软件拥有清新简洁的界面外观，这些特点可以帮助用户快速、高效完成 App 界面设计。

除了使用方法简单和简洁的界面外观，Adobe XD 还有一些其他特点，接下来进行简单介绍，帮助用户进一步加深对其的了解。

#### 1. 在 Photoshop 中编辑

在 Adobe XD 中打开图像，通过"在 Photoshop 中编辑图像"快捷菜单，即可打开 Photoshop 并将图像导入其中。此时，在 Photoshop 中对图像进行编辑操作，完成后执行"存储"命令，对图像所做的更改将在 Adobe XD 中自动更新。

#### 2. 内容识别布局

在 Adobe XD 中，无须烦琐的手动操作，即可轻松创建和编辑 UI 元素。同时 Adobe XD 支持在内容布局时，自动识别不同对象之间的关系；在向组中添加或更换对象时，系统会对组进行自动调整。

#### 3. 矢量绘图工具

在 Adobe XD 中，"矩形工具""椭圆工具""多边形工具""直线工具"和"钢笔工具"与 Photoshop 中的形状工具一样属于矢量绘图工具。使用矢量绘图工具配合布尔值运算符、混合模式及其他矢量编辑功能，可以快速创建 UI 设计中图标、组件和其他设计元素。

#### 4. 响应式调整大小

在 Adobe XD 中，可以根据不同的屏幕大小轻松调整对象组或组件大小，同时保持对象之间的相对位置和比例不变。

#### 5. Sketch、Photoshop 和 Illustrator 文件导入

用户可以将 Sketch 和其他常用 Adobe 应用程序中的文件导入 Adobe XD 中。文件被导入后，会自动转换为 XD 文件。

## 1.5 下载和安装 Adobe XD

在使用 Adobe XD 之前首先需要下载并安装该软件。接下来向读者介绍如何下载、安装和启动 Adobe XD。

### 1.5.1 下载 Adobe XD

想要下载正版的 Adobe XD 软件，首先需要在浏览器的 Adobe 公司官网中下载 Adobe Creative Cloud 软件，图 1-28 所示为 Adobe Creative Cloud 软件的启动图标。打开安装完成的 Adobe Creative Cloud 软件，找到 Adobe XD 并单击"安装"按钮，如图 1-29 所示，开始下载 Adobe XD。

图 1-28　Adobe Creative Cloud　　　　　图 1-29　单击"安装"按钮

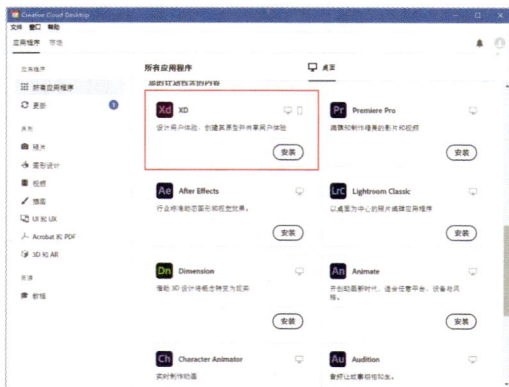

> **提示**
>
> 　　想要使用 Adobe Creative Cloud 软件下载 Adobe XD 软件，必须使用 Adobe ID 进行登录；如果没有 Adobe ID，用户需要通过注册获得一个 Adobe ID。如果用户想要获得 Adobe XD 的全部功能，建议使用其他地区注册。

　　安装 Adobe Creative Cloud 后，用户可在其中对 Adobe 公司旗下的任意软件进行下载安装、更新和卸载等操作。

　　如果不想安装 Adobe Creative Cloud 软件，可以在下载 Adobe Creative Cloud 软件的网址中找到 Adobe XD，单击"开始免费试用"按钮，也可以开始下载 Adobe XD。

### 1.5.2　使用 Creative Cloud Cleaner Tool

　　如果用户没有采用正确的方式卸载软件，再次安装软件时会提示无法安装软件。用户可以登录 Adobe 官网下载 Creative Cloud Cleaner Tool 工具，清除错误后即可再次安装。此工具可以删除产品预发布安装的安装记录，并且不影响产品早期版本的安装。

　　下载 Creative Cloud Cleaner Tool 后双击启动工具，打开启动界面，如图 1-30 所示。按键盘上的【E】键，再按【Enter】键，如图 1-31 所示。

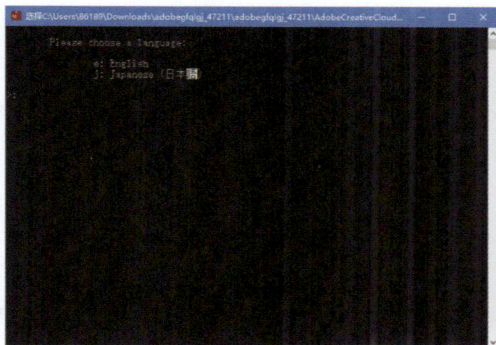

图 1-30　启动工具界面

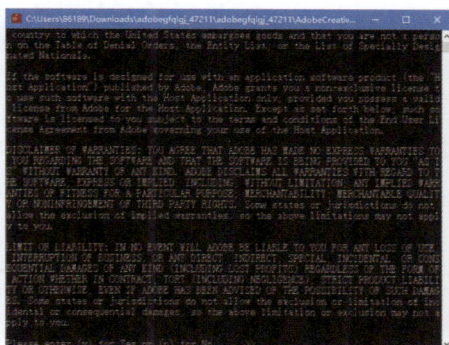

图 1-31　确定语言

　　按键盘上的【Y】键，再按【Enter】键，进入如图 1-32 所示的界面。按【1】键，再按【Enter】键，进入如图 1-33 所示的界面。

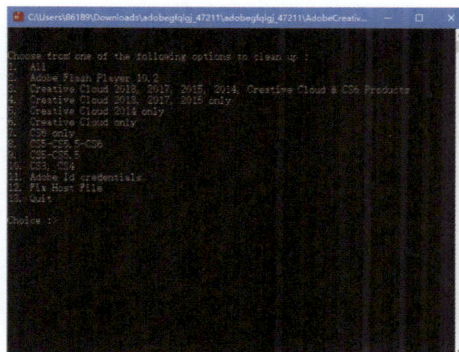

图 1-32　选择清除版本

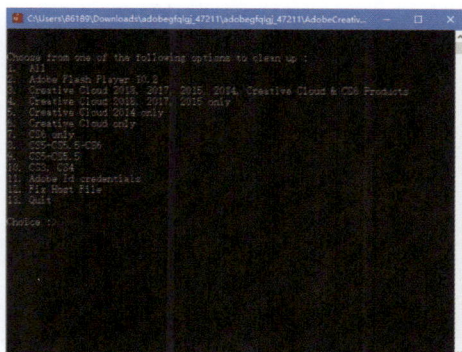

图 1-33　选择清除内容

按【3】键，再按【Enter】键。按【Y】键，再按【Enter】键。稍等片刻即可完成清理操作，如图 1-34 所示。完成清理操作后重新安装软件即可。

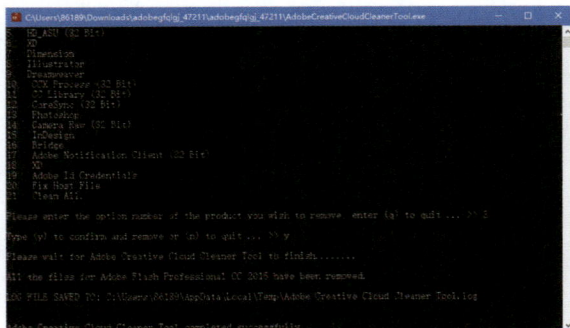

图 1-34　完成清理操作

## 1.6　Adobe XD 的工作界面

与 Adobe 公司的其他设计工具相比，Adobe XD 的工作界面相对简单、干净，如图 1-35 所示。其工作界面由菜单栏、工具箱、模式栏、"属性"面板和工作区域等 5 部分组成，用户可以使用这些内容实现 App 界面的交互原型设计或 UI 设计。

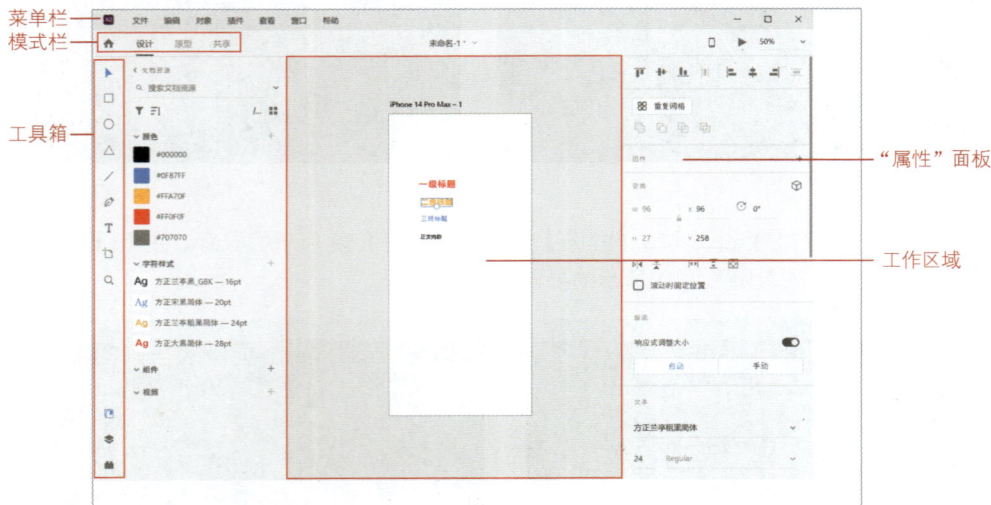

图 1-35　Adobe XD 的工作界面

### 1.6.1　菜单栏

Adobe XD 的菜单栏共包含了 7 个主菜单，如图 1-36 所示。Adobe XD 中几乎所有的命令都按照类别排列在这些菜单中，它们是 Adobe XD 工作界面中的重要组成部分。

单击任意菜单选项名称，即可打开该菜单的子菜单列表，在列表中使用分割线区分不同功能的命令，并且带有黑色三角标记的命令表示还包含扩展菜单。图 1-37 所示为单击"文件"菜单后打开的子菜单列表。

图 1-36　Adobe XD 菜单栏

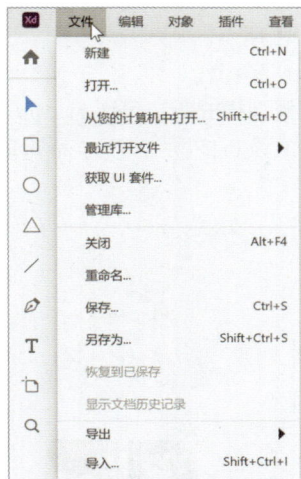

选择菜单中的任意命令即可执行该命令；如果命令后面带有快捷键，则使用与之对应的快捷键即可快速执行该命令。

在工作界面空白处或任一对象上右击可以显示快捷菜单，在面板上右击也可以显示相应的快捷菜单。

### 1.6.2　工具箱

Adobe XD 的工具箱默认位于工作界面的左侧，其中包含了选择工具、绘图工具、文本工具、画板工具、缩放工具，以及"库""图层"和"插件"面板。

图 1-37　子菜单列表

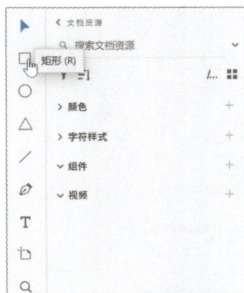

单击工具箱中的任意工具按钮即可选中该工具，将光标停留在工具按钮上，即可显示该工具的名称与快捷键，如图 1-38 所示，按相应的快捷键即可快速选择该工具。

单击工具箱底部的"库""图层"或"插件"面板按钮，工具箱右侧将显示该面板，如图 1-39 所示；再次单击当前面板按钮，即可隐藏面板。

图 1-38　显示工具名称与快捷键

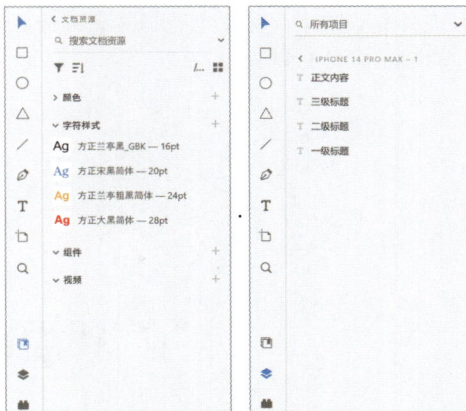

图 1-39　显示面板

### 1.6.3　模式栏

Adobe XD 的模式栏位于菜单栏的下方，共包含"设计""原型"和"共享"3 种工作模式，如图 1-40 所示。

图 1-40　3 种工作模式

单击任一模式的名称，Adobe XD 的工作界面将出现相应的工具、面板和工作区域，用户使用这些工具和属性参数在工作区域中进行操作，可以完成设计作品的相应阶段内容。

**1. 设计模式**

在设计模式下，可以创建和设计 App 项目的各个界面（画板），也可以导入使用其他工具创建的资源，还可以从网上导入资源，使用导入资源完善 App 项目的各个界面，如图 1-41 所示。

**2. 原型模式**

在原型模式下，可以为 App 界面（画板）创建链接、录制设计作品的视频演示、在浏览器或设备中预览 UI 作品和它的交互效果，还可以与设计团队共享作品，如图 1-42 所示。

图 1-41　设计模式

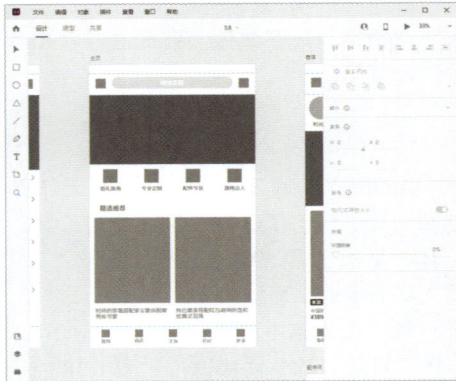
图 1-42　原型模式

**3. 共享模式**

在共享模式下，可以创建和共享链接，方便工作人员进行设计审查、开发、演示和用户测试，如图 1-43 所示。

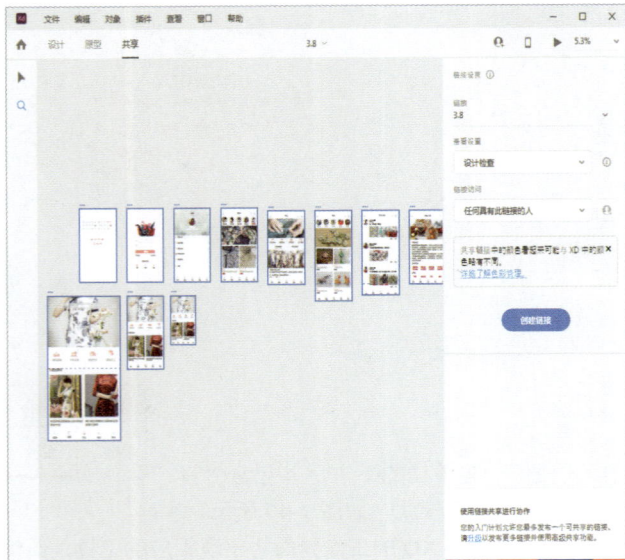
图 1-43　共享模式

### 1.6.4　"属性"面板

在 Adobe XD 中，"属性"面板的默认位于工作界面的右侧。采用不同的工作模式，"属性"面板中的参数也会随之改变，如图 1-44 所示。

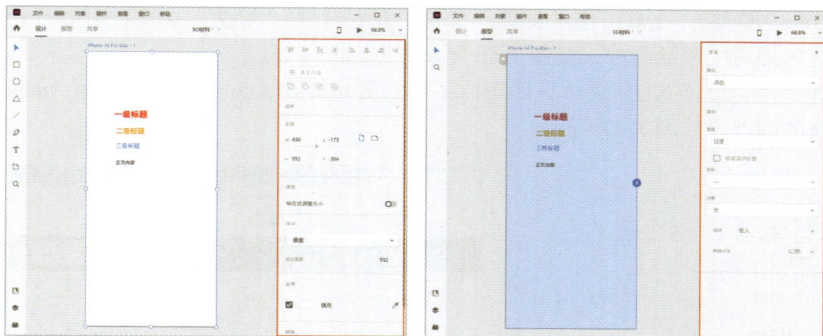

图 1-44　"属性"面板

在设计模式下，用户可以在"属性"面板中定义对象的各种属性并使用不同的选项控制对象。也可以指定对象的尺寸、对齐方式、填充、边界、阴影、投影和背景，以及将对象组合在一起以制作全新的对象。

用户还可以使用"重复网格"选项构建布局，使用"滚动时固定位置"选项在滚动时固定多个元素的位置，或使用数学运算创建精确度更高的设计。

在原型模式下，用户可以在"属性"面板中定义交互的触发条件、操作类型、操作目标和操作动画，还可以为交互添加"音频播放"或"语音播放"操作类型。

### 1.6.5　工作区域

在 Adobe XD 中，每创建一个文件就会打开一个独立的工作界面，在工作界面中放置画板和粘贴板的区域统称为工作区域，如图 1-45 所示。工作区域包含了设计师创建的所有资源和画板。

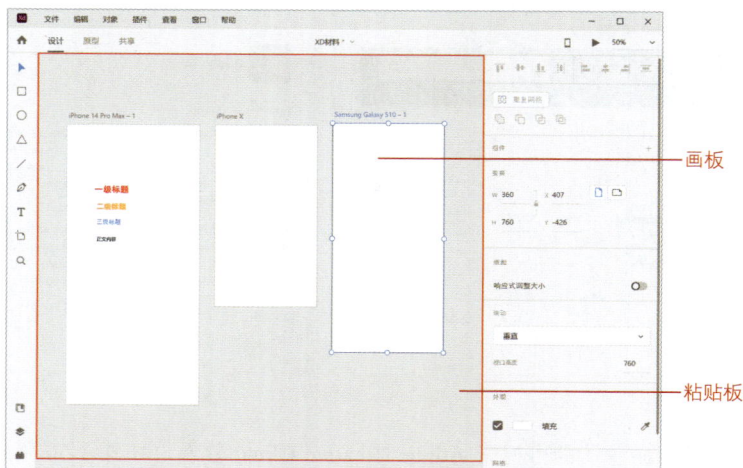

图 1-45　Adobe XD 的工作区域

## 1.7 Adobe XD 的帮助资源

在学习 Adobe XD 软件时，可以通过使用"帮助"菜单中的命令获得 Adobe 提供的各种 Adobe XD 帮助资源和技术支持，单击菜单栏中的"帮助"菜单，可以在打开的子菜单中选择相应的帮助命令，如图 1-46 所示。

选择"学习使用 XD"命令，即可打开浏览器并转到 Adobe 官网中介绍 Adobe XD 学习和支持的网页，如图 1-47 所示。

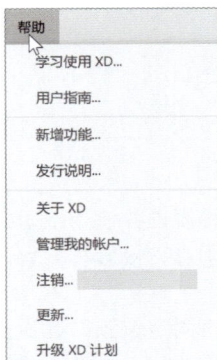

图 1-46  "帮助"菜单　　　图 1-47　Adobe 官网中介绍 Adobe XD 学习和支持的网页

选择"新增功能"命令，即可打开浏览器并转到 Adobe 官网中介绍 Adobe XD 的新增功能的网页，如图 1-48 所示。

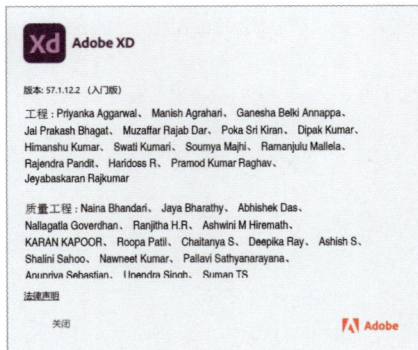

选择"关于 XD"命令，将打开 Adobe XD 面板，其中包含了 Adobe XD 的版本信息、工程信息和法律声明等内容，如图 1-49 所示。单击面板左下角的"关闭"，即可关闭该面板。

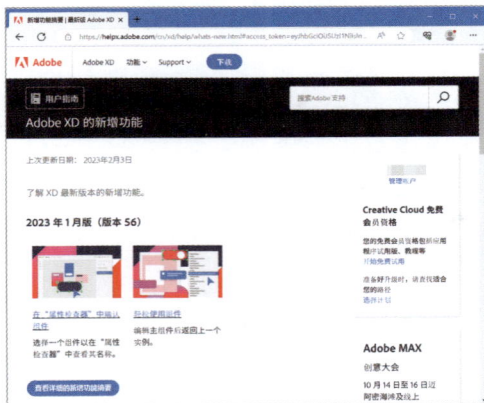

图 1-48　Adobe 官网中介绍 Adobe XD 的新增功能的网页　　　图 1-49　Adobe XD 面板

选择"更新"命令，即可打开 Adobe Creative Cloud 软件，如图 1-50 所示。在该软件中，用户可以查看 Adobe XD 是否有版本需要进行更新。

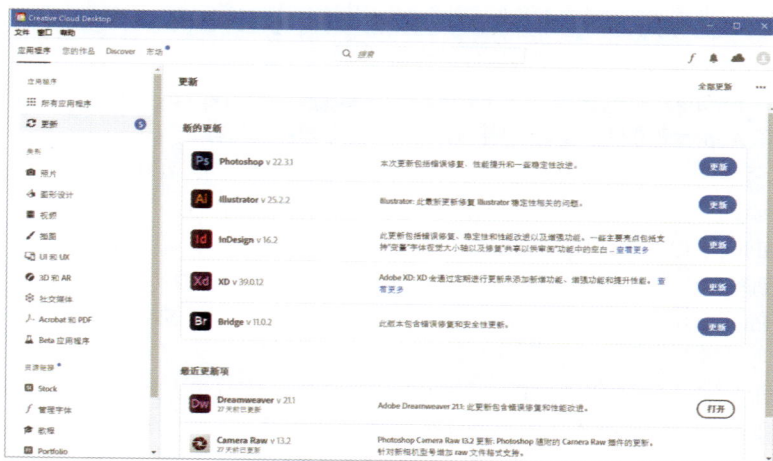

图 1-50　Adobe Creative Cloud 软件

## 1.8　总结拓展

　　掌握移动 UI 设计基础知识是使用 Adobe XD 设计制作移动 UI 的前提条件，将这些基础知识融入日常的 UI 设计工作中，才能帮助设计师设计出符合规范的作品。

### 1. 本章小结

　　本章主要讲解了移动端 UI 设计基础、移动 UI 设计流程、移动 UI 设计常用工具、关于 Adobe XD、下载和安装 Adobe XD、Adobe XD 的工作界面及 Adobe XD 的帮助资源等内容。通过学习本章内容，读者应在了解移动端 UI 设计的基础知识的同时，掌握 Adobe XD 的基本功能，为后面章节的学习打下基础。

### 2. 拓展案例——卸载 Adobe XD

　　参考本章所学内容，在 Adobe Creative Cloud 中将 Adobe XD 卸载。

## 1.9　课后测试

　　完成本章内容学习后，接下来通过几道课后习题，测验一下读者学习移动 UI 设计基础的学习效果，同时加深对所学知识的理解。

### 一、选择题

1. 在下列 4 个选项中，不属于 UI 设计范围的是（　　　）。

　　A. Windows 操作系统　　　　　　　　B. 搜狗输入法

　　C. 服装店门头　　　　　　　　　　　　D. 银行取款机

2. 下面关于 UI 设计的论述中，正确的是（　　　）。

　　A. 图形设计通常是指软件产品的硬件设计

B. UI 设计按照其职能划分可以分为图形设计、交互设计和用户测试 / 研究 3 部分

C. UI 设计的好坏只能凭借设计师或领导的审美来评判

D. 用户测试 / 研究是指测试 UI 设计的合理性和图形设计的美观性

3. 一套 App 完整的 UI 设计页面中，不包括以下哪个内容？（　　　）

A. 颜色　　　　　　B. 版式　　　　　　C. 字体　　　　　　D. 定价

4. 下列设备中，哪一款采用了国产的鸿蒙 OS 系统（　　　）。

A. iPhone 13　　　　B. iWatch　　　　C. Mac　　　　　　D. 华为 P40

5. 下列软件中，属于在网页云端完成 UI 设计工作的是（　　　）。

A. Photoshop　　　　B. Figma　　　　C. Assistor PS　　　D. Sketch

二、判断题

1. 平面 UI 中可以展现的 UI 交互操作习惯更多，如单击、双击、按住、移入、移除、右击和滚轮等多种操作；而移动端的功能相对较弱，只能实现点击、按住和滑动等操作。（　　　）

2. 互联网产品视觉设计可以简单归纳为视觉概念稿、视觉设计图和标注切图 3 步。（　　　）

3. 在开始设计一款 App 界面时，第一步就是要根据产品的行业和受众群确定界面的主色，然后再根据主色，确定配色方案。（　　　）

4. UI 交互设计师的主要工作就是画流程图和线框图。（　　　）

5. 产品经理，可以对产品生命周期中的各阶段工作进行干预。（　　　）

三、创新题

根据本章所学内容，设计一款西安旅游 App 产品的配色方案，具体要求和规范如下：

- 内容 / 题材 / 形式。

以西安兵马俑为题材的 App 产品。

- 设计要求。

根据行业的特点，确定 App 的设计目的和设计内容，并撰写文字报告。

Adobe XD 的基本操作涵盖了从使用主页、新建文件、创建和管理画板、打开文件、导入文件、存储文件、撤销与恢复操作，以及辅助工具等多个方面。掌握这些核心操作后，用户能够熟练运用 Adobe XD 进行创意设计与原型制作，显著提升设计工作的效率与最终作品的质量。

### 知识目标

- 了解主页的内容及使用方法。
- 掌握创建和管理画板的方法和技巧。

### 能力目标

- 能够完成打开、导入和存储文件操作。
- 能够在实际操作中使用辅助工具制作 UI。

### 素质目标

- 熟悉创建和管理画板的操作，使学生具有较强的理解和观察能力。
- 熟悉使用各种辅助工具，使学生具有善于倾听、乐于沟通的能力。

## 2.1 使用主页

启动 Adobe XD，用户首先看到的界面即为"主页"，如图 2-1 所示。在主页中可以快速访问了解 XD 的功能、您的文件、已与您共享和已删除的云文档，并且可以管理链接、画板预设和最近使用项。

在"主页"界面中选择"了解 XD 的功能"选项，将进入 Adobe XD 学习和支持界面，如图 2-2 所示。

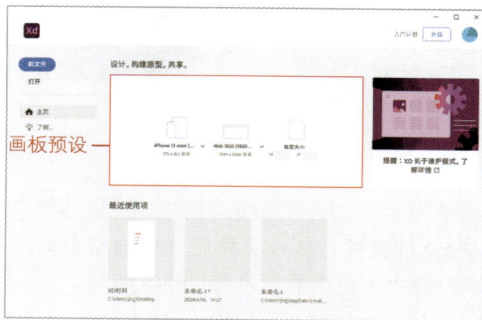

图 2-1　Adobe XD 的主页

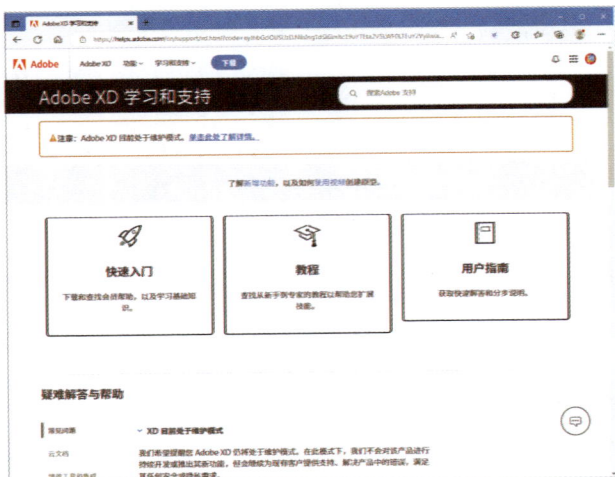

图 2-2　Adobe XD 学习和支持界面

## 2.2　新建文件

　　就像绘画之前要先有画笔和纸一样，使用 Adobe XD 绘制移动 UI 之前，首先要创建一个能够承载 UI 元素的文件。

　　"主页"界面的"画板预设"区域中共包含 iPhone、Web、Instagram 故事和自定义大小 4 种类型的预设文件画板尺寸。单击 Adobe XD 主页界面"画板预设"区域中图标右侧的下拉按钮∨，打开如图 2-3 所示的尺寸列表，选择任意尺寸即可创建包含该画板尺寸的文件，如图 2-4 所示。

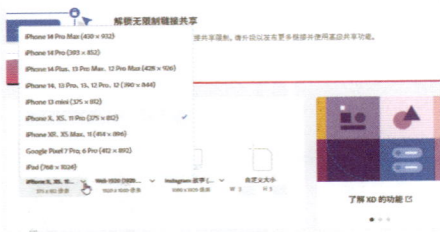

图 2-3　移动端 UI 尺寸列表

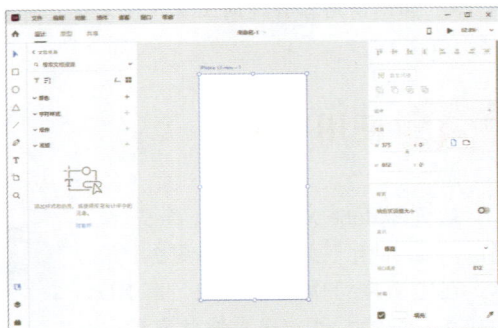

图 2-4　进入新建文件

　　单击"主页"界面左侧的"新文件"按钮，如图 2-5 所示，也可以快速新建一个 Adobe XD 文件。新建文件后，单击左上角的"主页"图标⌂或按【Ctrl+N】组合键，可再次打开"主页"界面，如图 2-6 所示。

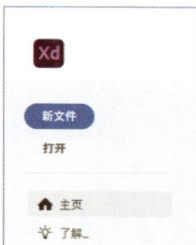

图 2-5　"新文件"按钮

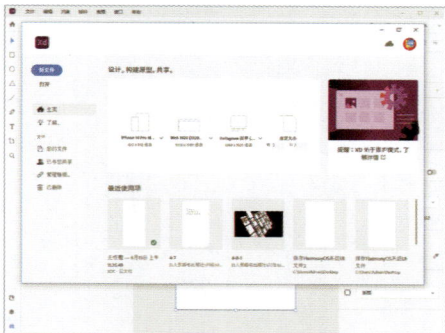

图 2-6　再次打开"主页"界面

## 2.3　创建和管理画板

　　在 Adobe XD 中，画板以可视化载体的形式，精准呈现 App 界面与网站页面的设计原型，极大地简化了设计流程。用户能够在一个文档内高效创建多个画板，轻松适应多样化的屏幕尺寸需求，并系统性地完善和优化 UI 设计的整体布局与细节。

### 2.3.1　创建新画板

　　默认情况下，新建的文件中只包含一个画板。单击工具箱中的"画板"按钮 ，软件界面右侧的"属性"面板中将显示"移动设备""平板电脑""Web/ 桌面""社交媒体"和"手表"5 种画板预设，如图 2-7 所示。选择任一列表选项，即可在工作区中创建一个对应的画板，如图 2-8 所示。

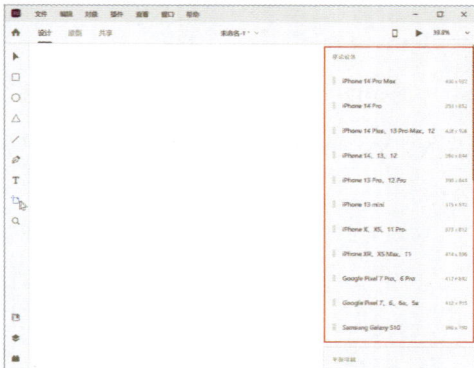

图 2-7　选择画板尺寸

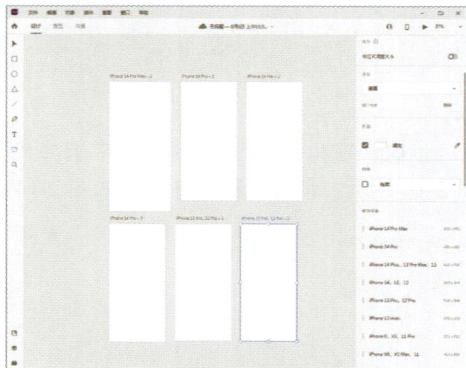

图 2-8　添加画板到工作区域

　　使用"画板"工具在工作区域的空白处单击，即可创建一个与前一个画板相同尺寸的画板。按住鼠标左键向下和向右拖曳，可创建自定尺寸的画板。创建自定画板时，"属性"面板中的 W 和 H 值随画板大小的变化而变化，如图 2-9 所示。

　　释放鼠标左键，即可完成自定画板的操作，如果对画板尺寸不满意，可以继续调整"属性"面板中 W 和 H 的数值，如图 2-10 所示。

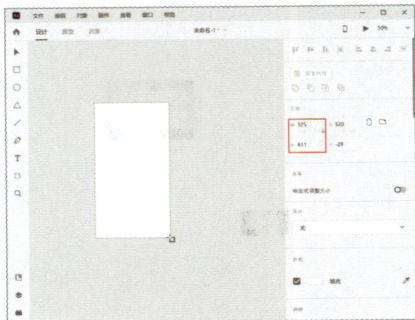

图 2-9　创建自定画板

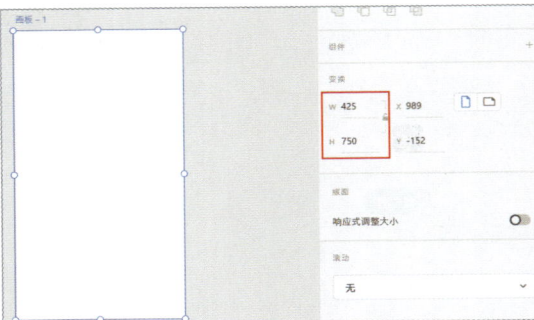

图 2-10　调整画板尺寸

## 2.3.2　应用案例——创建 iOS 系统 App 文件

源文件：源文件 / 第 2 章 / 创建 iOS 系统 App 文件 .xd
操作视频：视频 / 第 2 章 / 创建 iOS 系统 App 文件 .mp4

**Step 01** 启动 Adobe XD 软件，界面如图 2-11 所示。在"主页"界面的"画板预设"区域中单击 iPhone X、XS、11 右侧的 ⌄ 图标，如图 2-12 所示。

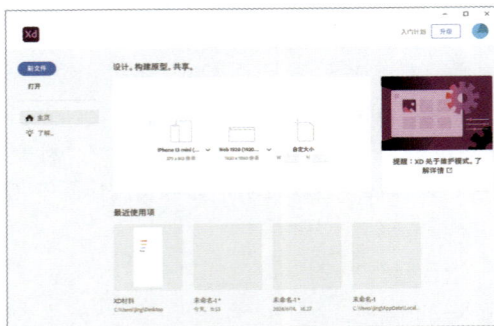

图 2-11　打开 Adobe XD 软件

图 2-12　单击移动端 UI 尺寸选项右侧图标

**Step 02** 在打开的下拉列表框中选择"iPhoneX、XS、11 Pro（375×812）"选项，如图 2-13 所示。创建的新文件效果如图 2-14 所示。

图 2-13　选择相应的选项

图 2-14　创建新文件

**Step03** 单击工具箱中的"画板"按钮，Adobe XD 工作界面右侧的"属性"面板出现如图 2-15 所示的 UI 设计尺寸列表。

**Step04** 选择"iPhoneX、XS、11Pro（375×812）"选项，创建如图 2-16 所示的新画板。

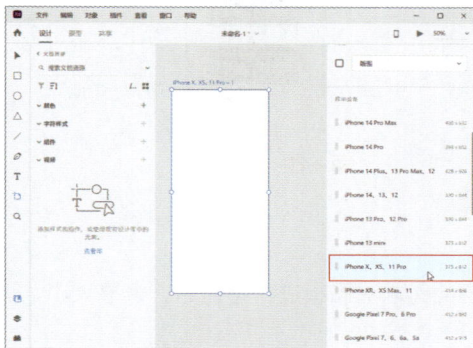

图 2-15　UI 设计尺寸列表

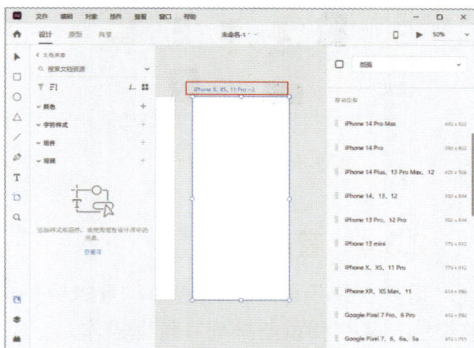

图 2-16　创建新画板

### 知识链接：iOS 系统的 UI 设计尺寸

　　为创建 iOS 系统 UI 设计，界面尺寸要符合 iOS 系统的要求。为了便于适配 iOS 系统的所有设备，以 iPhone 6 的屏幕尺寸为基准，也就是 375px×667px，如图 2-17 所示。状态栏的高度为 20px，导航栏的高度为 44px，标签栏的高度为 49px，图 2-18 所示为 iPhone 6 组件的名称和高度。

图 2-17　iPhone 6 屏幕尺寸

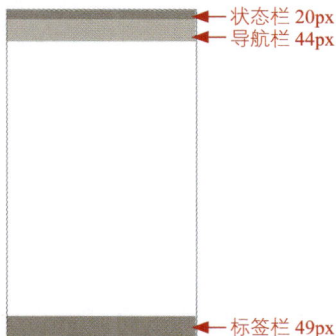

图 2-18　iPhone 6 组件的名称和高度

## 2.3.3　使用现有画板

　　用户可以将 PSD 或 AI 文件中的现有画板导入 Adobe XD 中。执行"文件 > 导入"命令，弹出"打开"对话框，选择一个文件，如图 2-19 所示。单击对话框右下角的"导入"按钮，即可在 Adobe XD 中导入该文件的画板，如图 2-20 所示。

**提示**

　　导入的每个画板和其包含的图层都是完整的，用户可以在 Adobe XD 中继续对其进行编辑。

图 2-19　选择文件

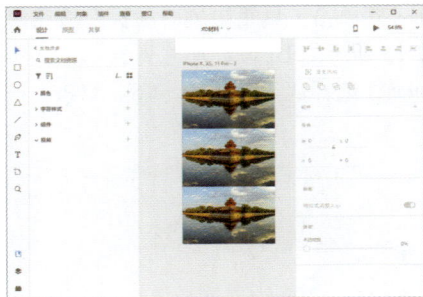

图 2-20　导入画板

### 2.3.4　管理画板

用户在使用画板的过程中，可以根据自己的需求对画板进行重命名、调整大小、调整位置、复制和重新排列等管理操作。

#### 1. 重命名画板

双击画板左上角的标题名称，标题将变为被选中的文本框，如图 2-21 所示。在文本框中输入新的标题名称后，单击工作区域空白处即可完成重命名画板操作，如图 2-22 所示。

#### 2. 调整画板大小

选中画板并将光标放置在画板边缘线中间的圆形手柄上，当光标变为箭头状态时，按住鼠标左键的同时向下、向左或向右拖曳调整画板的大小。释放鼠标左键，即可完成改变画板大小的操作，如图 2-23 所示。

图 2-21　标题变为文本框

图 2-22　完成重命名画板操作

图 2-23　调整画板大小

#### 3. 复制画板

按【Ctrl+D】组合键，可以快速复制当前选中画板；选中一个或多个画板，按住【Alt】键不放的同时使用"选择"工具向任意方向拖曳，可以复制一个或多个画板，如图 2-24 所示。

**提示**

选中画板后右击，在弹出的快捷菜单中选择"拷贝"命令，然后在工作区域的空白处右击，在弹出的快捷菜单中选择"粘贴"命令，即可完成复制选中画板的操作。

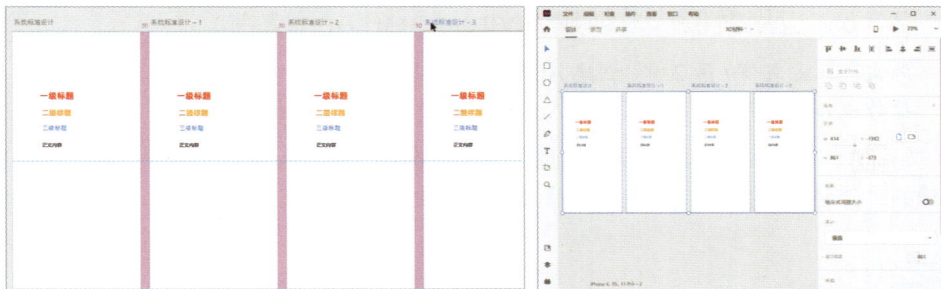

图 2-24　复制画板

### 4. 分布与对齐

选择多个画板，单击"属性"面板中顶部对齐与分布选项的任意一项，被选中的画板将按照选项描述进行分布与排列，如图 2-25 所示。

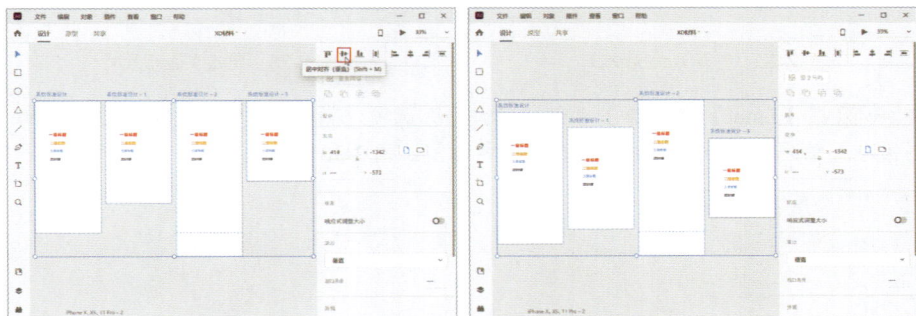

图 2-25　分布与对齐画板

> **提示**
>
> 执行对齐操作时，至少要选中两个画板。执行分布操作时，至少要选中三个画板。

### 5. 调整画板位置

选中一个或多个画板，按下鼠标左键将其向任意方向的空白位置拖曳，即可移动画板的位置。松开鼠标左键，画板将被移动到当前位置，如图 2-26 所示。

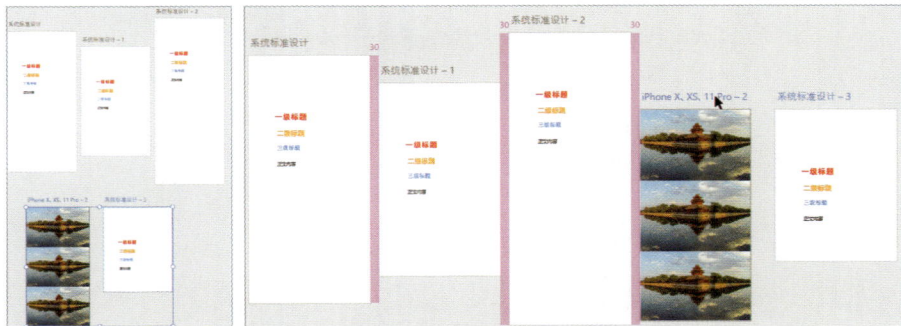

图 2-26　移动画板位置

### 2.3.5 应用案例——创建 Android 系统 App 文件

源文件：源文件 / 第 2 章 / 创建 Android 系统 App 文件 .xd
操作视频：视频 / 第 2 章 / 创建 Android 系统 App 文件 .mp4

**Step01** 启动 Adobe XD 软件，界面如图 2-27 所示。在"主页"界面的"画板预设"区域的"自定义大小"选项中输入如图 2-28 所示的画板设计尺寸。

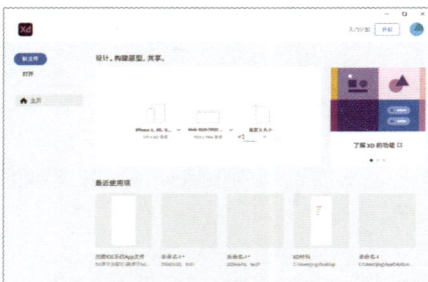

图 2-27　打开 Adobe XD

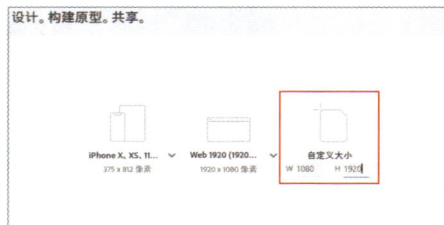

图 2-28　自定义画板尺寸

**Step02** 按【Enter】键或单击"自定义大小"选项，新创建的文件如图 2-29 所示。双击画板左上角画板的标题名称，修改画板名称，如图 2-30 所示。

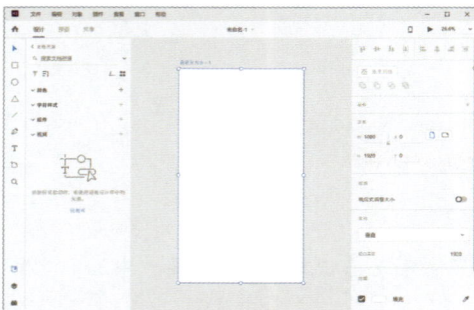

图 2-29　新创建的文件

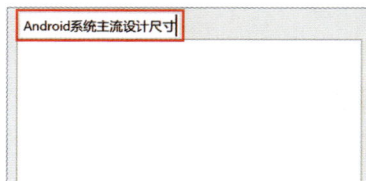

图 2-30　修改画板名称

**Step03** 选中画板，按【Ctrl+D】组合键两次，复制两个画板，完成后的工作界面如图 2-31 所示。

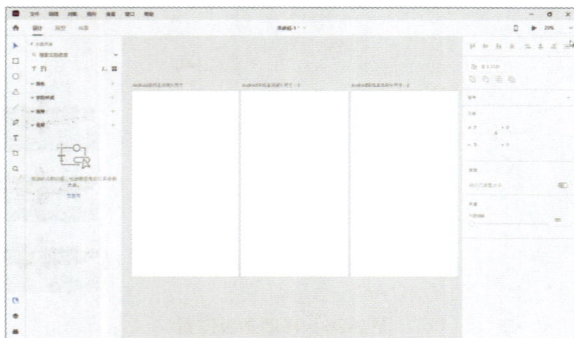

图 2-31　复制画板后的工作界面

### 知识链接：创建 Android 系统的 UI 设计尺寸

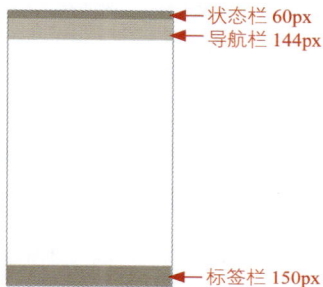

Android 设备的发展速度远远快于 iOS 设备，屏幕的分辨率达到了 XXHDPI。因此，本案例采用 1080px×1920px 的尺寸进行设计，如图 2-32 所示。设计完成后再输出不同尺寸的素材，供开发人员使用。Android 系统的基本组件与 iOS 系统相同，同样包括状态栏、导航栏和标签栏。不同的设备，组件的高度也不相同。本案例中采用的 UI 设计尺寸的状态栏高度为 60px，导航栏高度为 144px，标签栏高度为 150px，如图 2-33 所示。

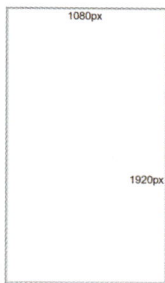

图 2-32　Android 系统的 UI 设计尺寸　　　　图 2-33　Android 系统的组件高度

## 2.4　打开文件

Adobe XD 支持通过执行"打开"操作来直接访问并加载多种外部文件格式，同时也能够无缝衔接并继续编辑未完成的 Adobe XD 项目文件，为用户提供灵活且高效的创作与修改体验。

### 2.4.1　"打开"命令

启动 Adobe XD 并进入"主页"界面中，单击界面左侧的"打开"按钮，如图 2-34 所示。在弹出的"打开"对话框中选择要打开的文件，单击"打开"按钮或直接双击要打开的文件，即可将文件打开，如图 2-35 所示。

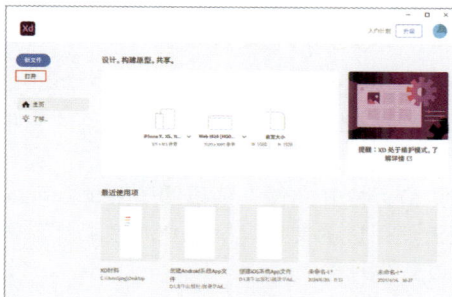

图 2-34　单击"打开"按钮　　　　　　图 2-35　"打开"对话框

执行"文件＞打开"命令或按【Ctrl+O】组合键，如图 2-36 所示。用户可以在弹出的"从 Creative Cloud 中打开"对话框中选择打开"最近使用项""您的文件"和"已与

您共享"3 种文件,如图 2-37 所示。

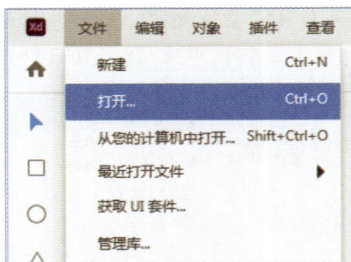

图 2-36　执行"打开"命令

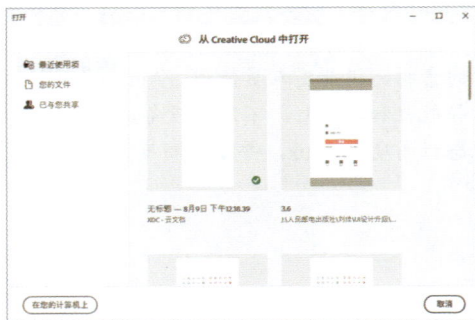

图 2-37　打开 3 种文件

单击对话框左下角的"在您的计算机上"按钮,可以在弹出的"打开"对话框中选择打开用户计算机上的文件。

### 2.4.2　从您的计算机中打开

执行"文件 > 从您的计算机中打开"命令或按【Shift+Ctrl+O】组合键,如图 2-38 所示,可以在弹出的"打开"对话框中选择本地计算机中的文件打开,如图 2-39 所示。

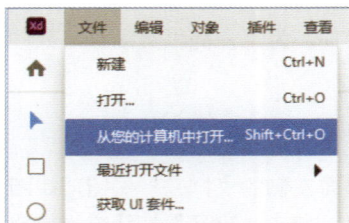

图 2-38　执行"从您的计算机中打开"命令

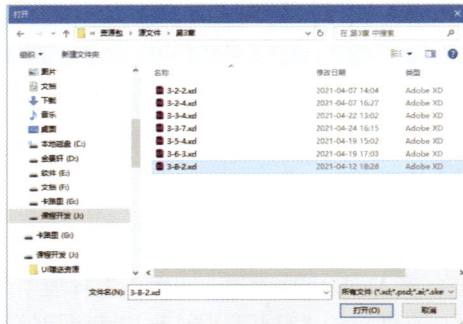

图 2-39　打开本地文件

图 2-40　最近打开文件的列表

### 2.4.3　最近打开文件

执行"文件 > 最近打开文件"命令,在打开的子菜单中将显示 Adobe XD 最近打开编辑过的文件,如图 2-40 所示。

使用"最近打开文件"菜单的子菜单,可以快速打开最近使用过的文件。执行"清除菜单"命令可以清除该文件列表。

**提示**

Adobe XD"主页"界面中的"最近使用项"与"最近打开文件"命令的功能与使用方法相同。

## 2.5　导入文件

Adobe XD 允许用户导入不同格式的素材文件，用来丰富设计师的 UI 作品。

### 2.5.1　"导入"命令

执行"文件 > 导入"命令或按【Shift+Ctrl+I】组合键，如图 2-41 所示。在弹出的"打开"对话框中选择一个或多个图像，单击"导入"按钮，即可将选中图像导入当前文件中，如图 2-42 所示。

图 2-41　执行"导入"命令

图 2-42　"打开"对话框

**知识链接：不同的图像格式**

Adobe XD 支持导入多种图像格式，如 TIF、GIF、JPEG 等。图像格式决定了图像数据的存储方式，以及文件是否与一些应用程序兼容。使用"导入"命令导入图像时，可以在弹出的对话框中选择文件的图像格式，如图 2-43 所示。不同格式的图像的图标显示效果如图 2-44 所示。

图 2-43　选择图像格式

图 2-44　不同格式图像的图标显示效果

### 2.5.2　应用案例——拖曳导入图片素材

源文件：源文件 / 第 2 章 / 拖曳导入图片素材 .xd
操作视频：视频 / 第 2 章 / 拖曳导入图片素材 .mp4

**Step 01** 启动 Adobe XD 软件，并新建一个 iPhone 14 Pro Max 文件，如图 2-45 所示。打开任意一个素材文件夹，如图 2-46 所示。

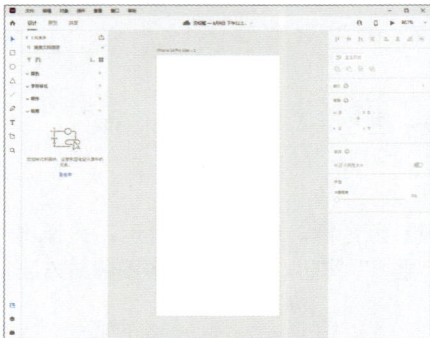

图 2-45　新建文件

图 2-46　打开素材文件夹

**Step02** 选中文件夹中的图片素材，按住鼠标左键拖曳图片到 Adobe XD 工作区域中，如图 2-47 所示。

**Step03** 松开鼠标左键并使用"选择"工具调整图片的大小以适配画板尺寸，效果如图 2-48 所示。

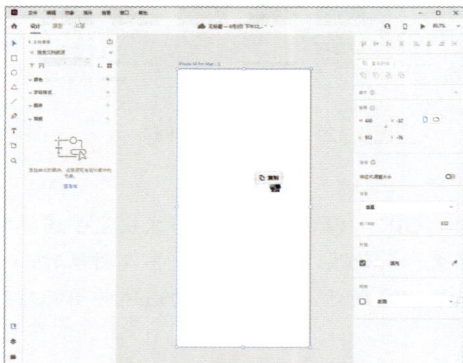

图 2-47　拖曳图片到工作区域

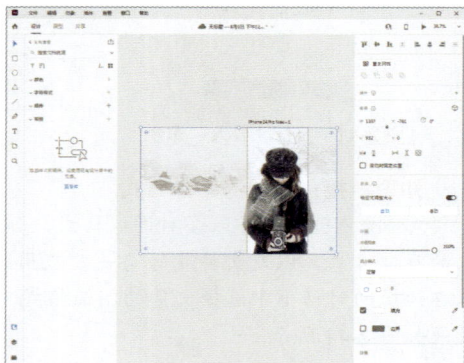

图 2-48　调整图片大小

## 2.6　存储文件

　　无论是创建新文件，还是编辑以前的文件，在操作完成后通常都会将文件保存，以便分享或再次编辑。

### 2.6.1　"保存"与"另存为"命令

　　完成文件编辑后，执行"文件＞保存"命令或按【Ctrl+S】组合键，弹出"保存到 Creative Cloud"对话框，如图 2-49 所示。在"另存为"文本框中设置保存文件的名称，单击"保存"按钮，即可将文件存储在 Adobe 云端。

　　用户可以通过执行"文件＞打开"命令，在弹出"打开"对话框中找到存储的文件，如图 2-50 所示。

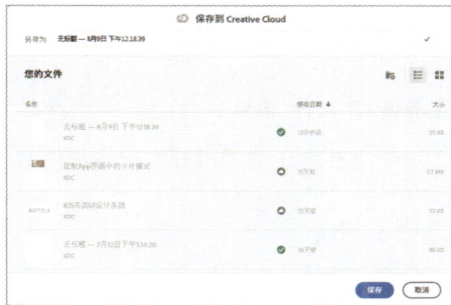

図 2-49　"保存到 Creative Cloud" 对话框

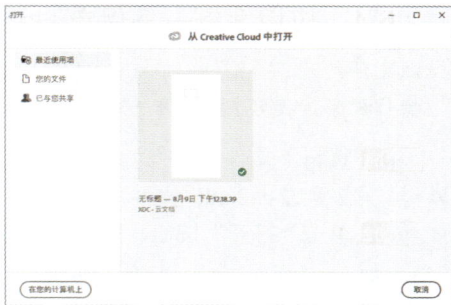

图 2-50　存储在 Adobe 云端的文件

对已经保存的文件编辑后，执行"文件 > 保存"命令，将直接保存文件更新而不弹出"另存为"对话框。执行"文件 > 另存为"命令，将为已保存文件创建一个副本文件，用户可在弹出的"保存到 Creative Cloud"对话框中重新设置文件的名称和存储位置。

> **提示**
>
> 默认文件名包括文件名、存储日期和存储时间 3 部分。

### 2.6.2　存储为本地文档

执行"文件 > 存储为本地文档"命令或按【Shift+Ctrl+Alt+S】组合键，将弹出"另存为"对话框，如图 2-51 所示。选择存储位置并设置"文件名"和"保存类型"后，单击"保存"按钮，即可将文件存储到本地计算机中。

图 2-51　"另存为"对话框

> **提示**
>
> 存储在 Adobe 云端的文件为 XDC 格式，存储在本地的文件为 XD 格式。

### 2.6.3　重命名

执行"文件 > 重命名"命令，如图 2-52 所示，弹出"重命名您的文档"对话框，如图 2-53 所示。用户可以在该对话框中重新输入文件的名称，输入完成后单击"重命名"按钮，即可实现对文件的重命名操作。

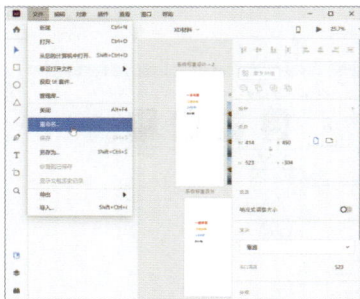

图 2-52　执行"重命名"命令

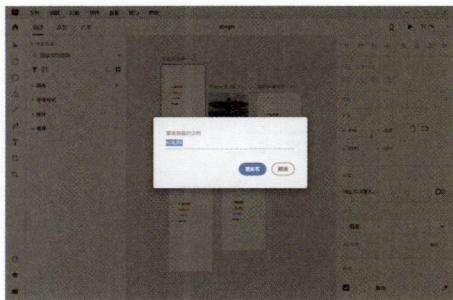

图 2-53　"重命名您的文档"对话框

### 2.6.4 应用案例——保存 HarmonyOS 系统 UI 文件

源文件：无
操作视频：视频 / 第 2 章 / 保存 HarmonyOS 系统 UI 文件 .mp4

**Step01** 执行"文件 > 从您的计算机中打开"命令，在弹出的"打开"对话框中选择"素材 / 第 2 章 /2-3-2.xd"文件，如图 2-54 所示。

**Step02** 单击"打开"按钮，打开文件效果如图 2-55 所示。

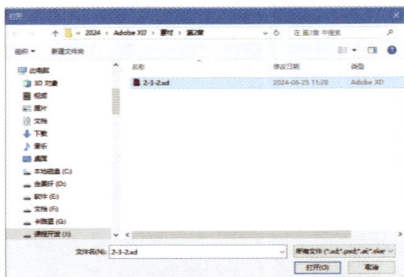

图 2-54　选择要打开的素材文件　　　　图 2-55　打开文件效果

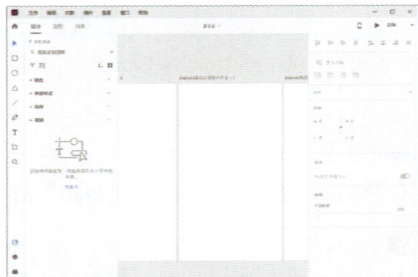

**Step03** 选中画板，在右侧面板中修改画板尺寸为 720px×1280px，修改画板名称为"HarmonyOS 系统主流设计尺寸"，如图 2-56 所示。使用相同的方法，修改其他画板的尺寸和名称，如图 2-57 所示。

图 2-56　修改画板尺寸和名称　　　　图 2-57　修改其他画板的尺寸和名称

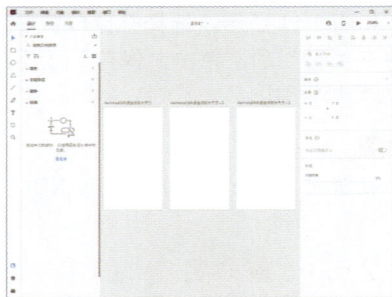

**Step04** 执行"文件 > 存储为本地文档"命令，弹出"另存为"对话框，为文件设置文件名，如图 2-58 所示。单击"保存"按钮，完成 HarmonyOS 系统 UI 文件的保存，如图 2-59 所示。

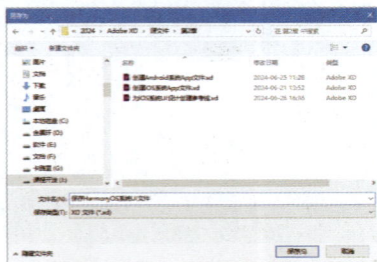

图 2-58　为文件设置文件名　　　　图 2-59　完成文件保存

> 提示
>
> 　　这个设计尺寸只是一个建议尺寸，并不需要设计师严格遵守，HarmonyOS 和 Andorid 一样，是一个非常开放的系统，里面的很多尺寸都是可以自定义的。

## 2.7　获取 UI 套件

　　Adobe XD 提供指向适用于 Apple iOS、Google Material、Microsoft Windows 和线框的 UI 套件的链接。这些 UI 套件包含操作系统的原生图形元素。例如，如果用户正在设计 iOS 应用程序，则可以直接开始使用 Apple iOS 套件中现成的屏幕。借助 Adobe XD，还可以访问 Designer Marketplace 或控制面板 UI 套件等创意套件。

　　Adobe XD 提供了多个 UI 套件，设计人员可以将其用作设计产品的起点。要访问 UI 套件，可以执行"文件 > 获取 UI 套件"命令。

> 提示
>
> 　　由于网络和权限的问题，一些用户可能无法访问 Adobe UI 套件。用户可以通过安装 Adobe XD 插件获得各种 UI 套件。

## 2.8　撤销与恢复操作

　　在 UI 设计过程中，通常会出现操作失误或对操作效果不满意的情况，这时就可以使用"撤销"命令，将图像还原到操作前的状态。如果已经执行了多个操作步骤，可以使用"恢复到已保存"命令直接将 UI 设计恢复到最近保存的图像效果。

### 2.8.1　撤销与重做

　　执行"编辑 > 撤销 +（操作）"命令或按【Ctrl+Z】组合键，将撤销上一步操作，如图 2-60 所示。连续执行该命令，将逐步向后撤销操作。

　　执行一次"撤销 +（操作）"命令后，用户才可以使用"重做 +（操作）"命令，如图 2-61 所示。执行"重做 +（操作）"命令或按【Shift+Ctrl+Z】组合键，将再次执行被撤销的命令。连续执行该命令，将逐步向前重做操作。

图 2-60　"撤销"命令　　图 2-61　"重做"命令

### 2.8.2　恢复文件

　　在设计制作 UI 作品的过程中，用户可以随时将作品恢复至上次保存文件的状态。执行"文件 > 恢复到已保存"命令，如图 2-62 所示，弹出如图 2-63 所示的警告框，单击"恢复"按钮，即可完成文件的恢复操作。

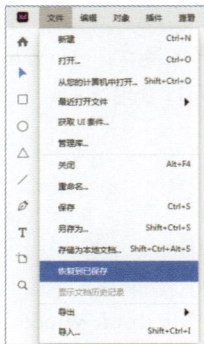

图 2-62　执行"恢复到已保存"命令

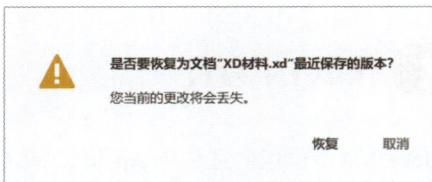

图 2-63　弹出警告框

**提示**

　　恢复后的文件将删除上次保存文件后的所有操作。用户在谨慎使用该命令的同时，也应养成及时保存文件的习惯。

## 2.9　辅助工具

　　Adobe XD 集成了多种高效辅助工具，如参考线、智能参考线及网格系统，旨在加速并优化 UI 设计的编辑过程。这些工具虽不直接执行编辑任务，却极大地提升了用户在进行选择、精确定位及细致编辑 UI 元素时的效率与精确度。

### 2.9.1　应用案例——为 iOS 系统 UI 设计创建参考线

源文件：无

操作视频：视频 / 第 2 章 / 为 iOS 系统 UI 设计创建参考线 .mp4

　　**Step 01** 启动 Adobe XD 软件，单击 iPhone 14 Pro Max 下拉按钮，在打开的下拉列表框中选择 iPhon X、XS、11 Pro（375×812）选项，如图 2-64 所示。新建文件界面如图 2-65 所示。

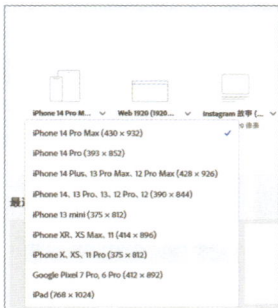

图 2-64　新建文件

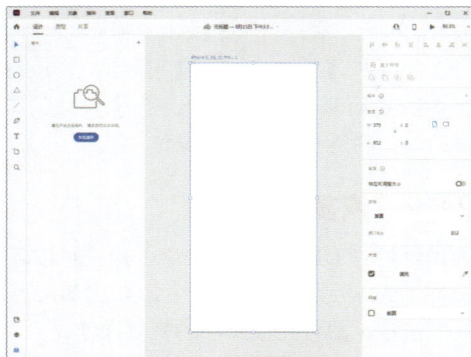

图 2-65　新建文件界面

**Step02** 单击工具箱中的"选择"工具按钮，将光标移至画板顶部边缘处，当光标变为 ↕ 状态时，按下鼠标左键并向下拖曳至 20px 位置，如图 2-66 所示。松开鼠标左键即可创建状态栏参考线，如图 2-67 所示。

图 2-66 拖曳创建参考线

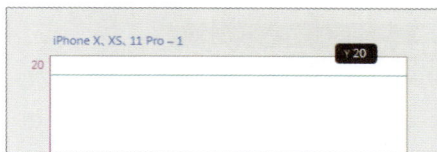

图 2-67 创建状态栏参考线

**Step03** 使用相同的方法，拖曳创建距状态栏参考线 44px 的导航栏参考线，如图 2-68 所示。继续创建距画板底部为 73px 的标签栏参考线，如图 2-69 所示。

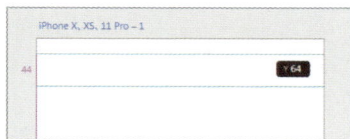

图 2-68 创建导航栏参考线

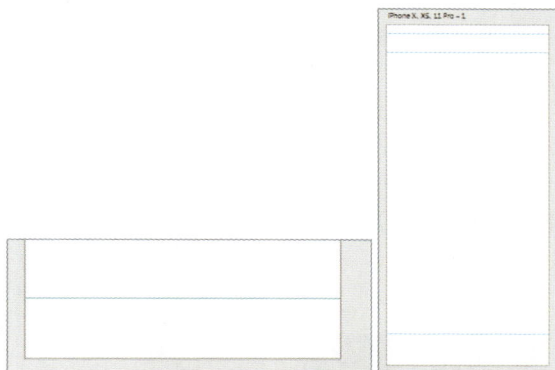

图 2-69 创建标签栏参考线

**提示**

用户也可以使用"选择"工具将光标放置在画板左侧边缘线上，当光标变为 ↕ 状态时，按住鼠标左键并向右拖曳，即可创建垂直方向的参考线。

### 2.9.2 管理参考线

在 UI 设计作品的创作流程中，参考线如果不慎干扰到设计操作的流畅性，建议采取有效的参考线管理措施。这些管理措施涵盖了对参考线的复制与粘贴操作、灵活删除不必要的参考线、锁定以固定其位置防止误动，以及隐藏参考线以保持工作界面的清晰与专注，从而提升设计效率与体验。

#### 1. 复制与粘贴参考线

如果想要从画板复制参考线，需要先选中该画板，执行"查看 > 参考线 > 复制参考线"命令，如图 2-70 所示。然后选择想要粘贴参考线的画板，执行"查看 > 参考线 > 粘贴参考线"命令或按【Ctrl+V】组合键，完成复制并粘贴参考线的操作，如图 2-71 所示。

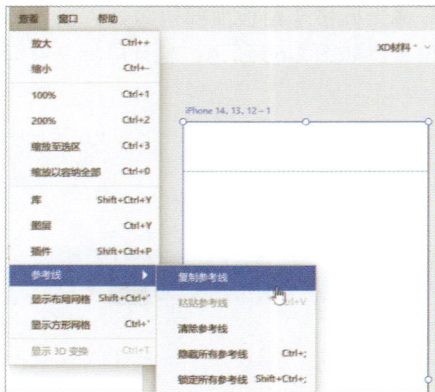

图 2-70　复制参考线

图 2-71　粘贴参考线

### 2. 删除参考线

如果想要删除一条参考线，用户可以使用"选择"工具选中该参考线并将其拖曳到画板范围之外，即可删除该参考线。

如果想要删除画板上的所有参考线，用户可以先选中画板，然后执行"查看 > 参考线 > 清除参考线"命令，即可删除该画板中的所有参考线，如图 2-72 所示。

### 3. 锁定参考线

执行"查看 > 参考线 > 锁定所有参考线"命令或按【Shift+Ctrl+;】组合键，即可锁定文件中的所有参考线，如图 2-73 所示。再次执行"查看 > 参考线 > 解锁所有参考线"命令或按【Shift+Ctrl+;】组合键，即可解除文件中所有参考线的锁定状态，如图 2-74 所示。

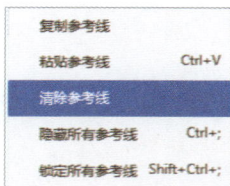

图 2-72　清除参考线

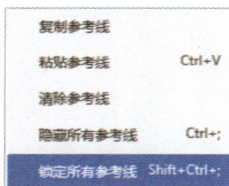

图 2-73　锁定所有参考线

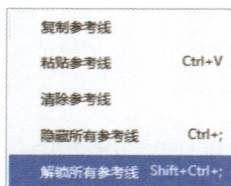

图 2-74　解锁所有参考线

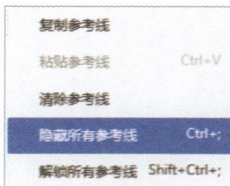

图 2-75　隐藏所有参考线

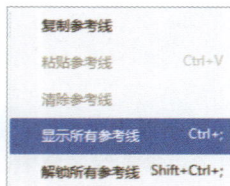

图 2-76　显示所有参考线

### 4. 隐藏参考线

执行"查看 > 参考线 > 隐藏所有参考线"命令或按【Ctrl+;】组合键，即可隐藏文件中的所有参考线，如图 2-75 所示。再次执行"查看 > 参考线 > 显示所有参考线"命令或按【Ctrl+;】组合键，可以显示文件中被隐藏的参考线，如图 2-76 所示。

**提示**

文件中的参考线处于隐藏状态时，将无法新建参考线。当文件中的参考线处于锁定状态时，用户可以创建新的参考线，但无法移动参考线。

### 2.9.3　使用智能参考线

了解了如何创建和管理参考线后，还可以在创建和操作对象或画板的过程中，利用智能参考线精确设置对象或画板的位置和距离。

一般情况下，Adobe XD 中的智能参考线为启用状态。当用户移动对象或画板时，智能参考线会对齐其他对象或画板，使用户得到精确的位置和间距等数据，如图 2-77 所示。

图 2-77　智能参考线

### 2.9.4　应用网格定位对象

除了参考线和智能参考线等辅助工具，Adobe XD 还为用户提供了网格辅助工具。网格主要起到一个对准线的作用，可以把画布平均分成若干块同样大小的区块，有利于设计 UI 作品时的对齐。Adobe XD 中的网格包括布局网格和方形网格两种。

执行"查看 > 显示布局网格"命令或按【Shift+Ctrl+'】组合键，文件中的所有画板装将以布局网格显示，如图 2-78 所示。再次执行"查看 > 隐藏布局网格"命令或按【Shift+Ctrl+'】组合键，即可隐藏文件中的所有布局网格。

执行"查看 > 显示方形网格"命令或按【Ctrl+'】组合键，文件中的所有画板将以方形网格显示，如图 2-79 所示。再次执行"查看 > 隐藏方形网格"命令或按【Ctrl+'】组合键，即可隐藏文件中的所有方形网格。

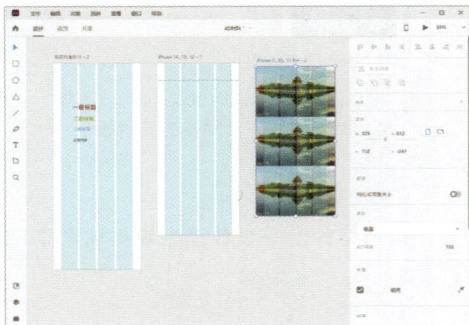

图 2-78　布局网格

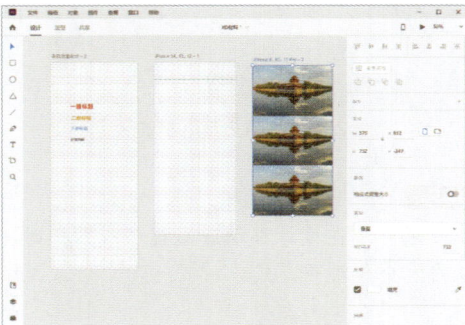

图 2-79　方形网格

　　用户也可以选择任意画板，勾选"属性"面板的"网格"选项下方的复选框，并在文本框中选择"版面（布局）"或"方形"网格，如图 2-80 所示，即可为文件中的所有画板添加网格。取消勾选"网格"选项下方的复选框，文件中的网格将被隐藏。

图 2-80　在"属性"面板中选择网格类型

## 2.9.5　管理网格

　　在画板上添加布局网格或方形网格后，用户可以通过"属性"面板中的"网格"选项设置网格的显示颜色、大小和间隔等参数。

### 1. 设置方形网格的参数

　　用户可以根据自己的设计需求，为方形网格设置网格大小和显示颜色等参数，网格大小设置的数值表示方形网格中两条相邻网格线之间的距离。

　　在"属性"面板的"方形大小"文本框中输入数值，如图 2-81 所示，即可完成设置方形网格大小的操作。单击"属性"面板中"方形大小"选项前面的色块，用户可在弹出的"拾色器"对话框中设置网格的显示颜色，如图 2-82 所示。

图 2-81　设置方形网格的大小

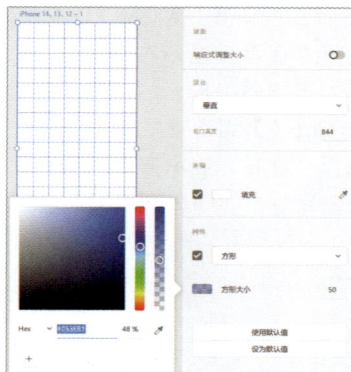

图 2-82　设置方形网格的显示颜色

**提示**

　　用户可在设计移动应用程序或图标时，利用方形网格的水平线和垂直线精确调整对象的大小和对齐方式。

### 2. 设置布局网格的参数

为画板应用布局网格后，用户可以从"属性"面板中的"版面"选项中设置布局网格的列数、间隔宽度、列宽和边距大小等参数。

单击"属性"面板中"列"选项前面的色块，弹出"拾色器"对话框，用户可在该对话框中为布局网格选取一种显示颜色，如图 2-83 所示。

在"属性"面板"列"选项后的文本框中输入数值，布局网格的列数随之改变；在"间隔宽度"选项后的文本框中输入数值，布局网格的间隔宽度也随之发生改变；布局网格的列宽同样可以以此种方法进行设置，如图 2-84 所示。

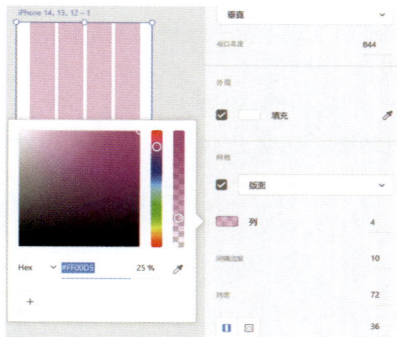

图 2-83　设置布局网格的显示颜色　　　　图 2-84　设置布局网格的大小

单击"属性"面板中的"左/右链接边距"图标，此时的布局网格只显示左右两侧的边距；在"左/右链接边距"选项后的文本框中输入数值，布局网格的左右边距随之发生改变，如图 2-85 所示。

单击"属性"面板中的"各边边距不同"图标，并在图标后的文本框中输入 4 个数值，布局网格的上、下、左和右边距将进行调整，如图 2-86 所示。

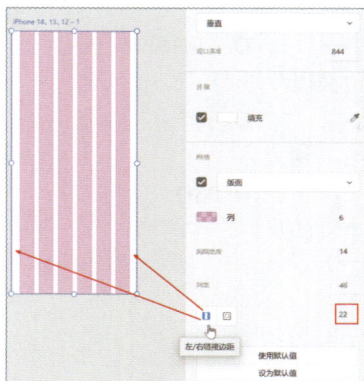

图 2-85　设置布局网格左右链接边距　　　　图 2-86　调整布局网格边距

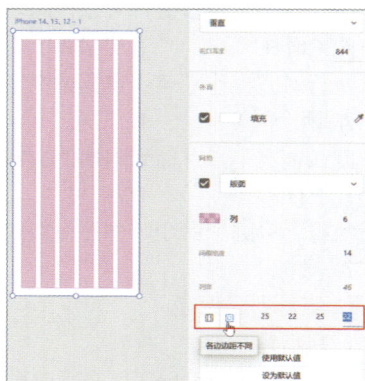

**提示**

布局网格是列网格，用户可以根据布局网格轻松对齐设计对象；同时，在不同屏幕尺寸下，使用布局网格可以帮助用户快速调整对象。

## 2.10 总结拓展

想要设计出符合设计要求的 UI 作品，首先要掌握制作软件的操作方法和技巧，同时将 UI 设计规范融入其中，从创建最基本的页面开始设计。

### 1. 本章小结

本章主要讲解了 Adobe XD 的基本操作方法，从文件的基本操作入手，讲解了使用主页、新建文件、创建和管理画板、打开文件、导入文件、存储文件、获取 UI 套件、撤销与恢复操作和辅助工具等内容。通过深入学习本章内容，读者将熟练掌握在 Adobe XD 中建立并管理设计项目的方法，同时灵活运用多种辅助工具以提升设计效率与体验。

### 2. 拓展案例——创建 iOS 设备 @1X 尺寸画板

参考本章所学内容，新建 iOS 设备 @1X 尺寸画板，尺寸设置为 375px×667px。使用"选择"工具分别创建高度为 20px 的状态栏辅助线、高度为 44px 的导航栏辅助线和高度为 73px 的标签栏辅助线。

## 2.11 课后测试

完成本章内容的学习后，接下来通过几道课后习题，测验读者学习 Adobe XD 基本操作的学习效果，同时加深对所学知识的理解。

### 一、选择题

1. Adobe XD 启动后首先展示给用户的界面是（　　）。

   A. Creative Cloud 界面　　　　　　B. "主页"界面

   C. "打开"界面　　　　　　　　　　D. "保存"界面

2. 按（　　）组合键，可以快速复制当前选中画板。

   A. Ctrl+C　　　　　B. Ctrl+V　　　　　C. Ctrl+D　　　　　D. Ctrl+Shift+D

3. 执行对齐操作，至少需要选中（　　）以上的画板。

   A. 两个　　　　　　B. 三个　　　　　　C. 四个　　　　　　D. 一个

4. 默认情况下，存储到本地的文件格式为（　　）格式。

   A. XD　　　　　　　B. XDC　　　　　　C. AI　　　　　　　D. PSD

5. 执行下列哪个命令，作品将恢复至上次保存文件的状态？（　　）

   A. 撤销　　　　　　　　　　　　　　B. 恢复

   C. 恢复到已保存　　　　　　　　　　D. 恢复

### 二、判断题

1. 用户在一个 Adobe XD 文档内只能创建一个画板。（　　）

2. 当用户移动对象或画板时，智能参考线会通过对齐其他对象或画板，使用户得到精确的位置和间距等数据。（　　）

3. Adobe XD 中的网格包括圆形网格和方形网格两种。（　　）

4. 网格大小设置的数值是方形网格中两条相邻网格线之间的距离。（　　　）

5. 布局网格是列网格，用户可以根据布局网格轻松对齐设计对象。（　　　）

### 三、创新题

根据本章所学内容，为一款运行在 HarmonyOS 系统的 App 页面创建 UI 组件参考线，具体要求和规范如下：

- 内容 / 题材 / 形式。

创建状态栏、标签栏和导航栏参考线，创建左右两侧的边界参考线。

- 设计要求。

HarmonyOS 系统状态栏的高度为 48px，导航栏的高度为 112px，标签栏的高度和导航栏一样高，也是 112px。

# 第3章
## Adobe XD 创建与编辑对象

在 Adobe XD 中熟练创建与编辑对象，是完成产品原型设计、UI 设计和交互设计的基础。本章主要讲解在 Adobe XD 中如何创建和编辑对象，通过布尔运算获得更丰富图形效果，以及为对象设置样式等内容，帮助读者掌握原型设计与 UI 设计的基本操作。

### 知识目标

- 掌握使用各种工具创建对象的方法。
- 掌握编辑对象的方法和技巧。

### 能力目标

- 能够使用布尔运算制作复杂图形效果。
- 能够通过为对象添加样式获得更丰富的图形效果。

### 素质目标

- 培养学生在 UI 设计过程中严格遵守行业标准和设计规范。
- 理解并掌握 UI 设计的基本流程和规范，提高工作效率。

## 3.1　创建对象

在 Adobe XD 中，用户可使用工具箱中的"矩形"工具、"椭圆"工具、"多边形"工具、"直线"工具和"钢笔"工具在工作区域（包括画板和粘贴板）中创建对象。

### 3.1.1　使用"矩形"工具

单击工具箱中的"矩形"工具按钮，将光标移动到工作区域内，按下鼠标左键并拖曳，如图 3-1 所示。松开鼠标左键，即可创建任意大小的矩形对象，如图 3-2 所示。

**提示**

使用"矩形"工具在画板中绘制对象时，按住键盘上的【Shift】键，可以直接绘制出正方形对象；按住【Alt】键，将以单击点为中心向四周扩散绘制矩形对象；按【Shift+Alt】组合键，将以鼠标单击点为中心，向四周扩散绘制正方形对象。

图 3-1　拖曳创建矩形对象

图 3-2　创建矩形对象效果

创建矩形对象后，将光标移至矩形对象任意方向的手柄上，如图 3-3 所示。按下鼠标左键并向中心拖曳，可以为矩形的顶点添加圆角半径，效果如图 3-4 所示。

图 3-3　移动光标位置

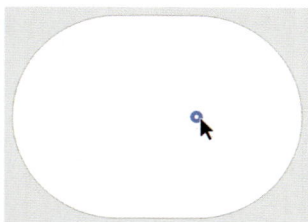

图 3-4　创建圆角半径

用户也可以在右侧的"属性"面板中为矩形设置准确的圆角半径值。选中矩形对象，在"属性"面板的"圆角半径"文本框中输入数值，为矩形对象 4 个圆角设置相同的半径值，如图 3-5 所示。单击"每个圆角的半径不同"按钮，可以为矩形的 4 个圆角设置不同的半径值，以获得更多丰富的图形效果，如图 3-6 所示。

图 3-5　设置相同圆角半径

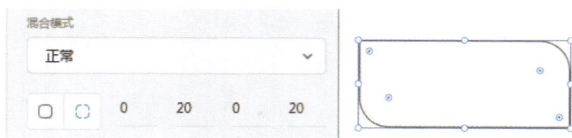

图 3-6　为每个圆角设置不同的半径

## 3.1.2　使用"椭圆"工具

单击工具箱中的"椭圆"工具按钮，将光标移动到工作区域，按下鼠标左键并拖曳，可以创建任意大小的椭圆对象，如图 3-7 所示。使用"椭圆"工具在画板中绘制椭圆对象时，按住键盘上的【Shift】键，可以直接绘制出正圆对象。

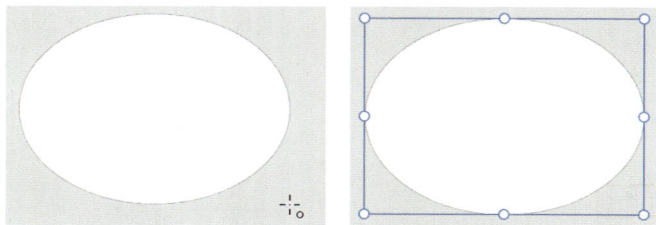

图 3-7　创建椭圆对象

### 3.1.3　使用"直线"工具

使用"直线"工具可以绘制出粗细不同的直线。单击工具箱中的"直线"工具按钮，将光标移动到工作区域，按下鼠标左键并拖曳，可以创建任意长度的直线对象，如图 3-8 所示。

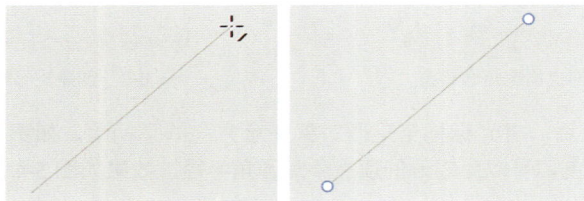

图 3-8　创建直线对象

**提示**

使用"直线"工具绘制直线时，如果按住【Shift】键的同时拖曳鼠标，则可以绘制水平、垂直或以 45° 角为增量的直线。

### 3.1.4　使用"多边形"工具

使用"多边形"工具可以创建三角形、菱形、六边形和星形等多边形对象。单击工具箱中的"多边形"工具按钮，将光标移动到工作区域，按下鼠标左键并拖曳即可创建三角形对象，如图 3-9 所示。

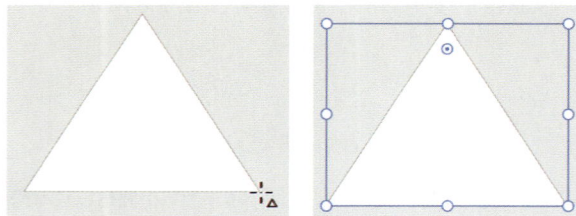

图 3-9　创建三角形对象

创建三角形对象后，在"属性"面板的"角计数"文本框中输入数值，可将三角形对象调整为多边形对象。例如，在"角计数"文本框中输入数字 6，用户刚刚绘制的三角形对象将变为六边形对象，如图 3-10 所示。

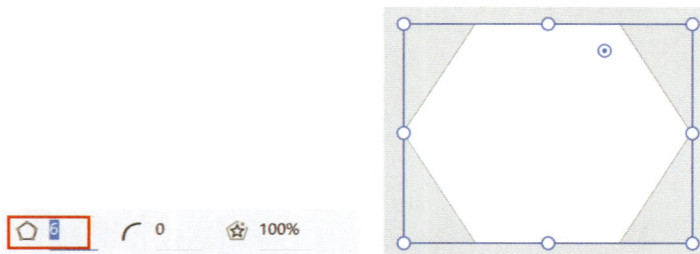

图 3-10　绘制六边形对象

　　将光标移至多边形对象的手柄（半径设定）上，按下鼠标左键并向中心拖曳可以为六边形添加圆角半径值；用户也可以在"属性"面板的"圆角半径"文本框中输入具体数值，完成为多边形对象添加圆角半径的操作，如图 3-11 所示。

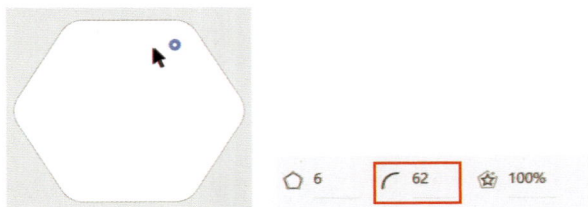

图 3-11　为多边形对象添加圆角半径

　　因为每个多边形对象只有一个半径设定手柄，所以无法单独更改多边形每条边的圆角半径。

　　创建多边形对象后，在"属性"面板的"星形比"文本框中输入比例数值，多边形对象将按照输入的数值进行调整，调整后的星形对象效果如图 3-12 所示。

图 3-12　使用"星形比"选项创建星形对象

　　用户也可以将光标移至多边形对象左上方边线的手柄上，当光标变为 状态时，向中心拖曳移动手柄，松开鼠标左键即完成星形对象的创建，如图 3-13 所示。

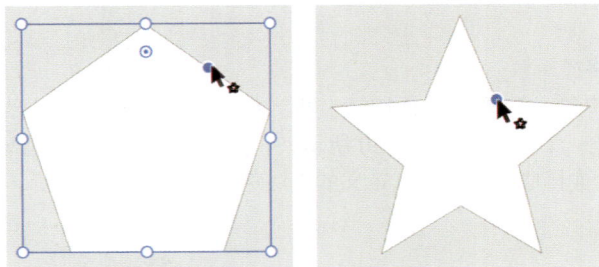

图 3-13　使用手柄创建星形对象

### 3.1.5　使用"钢笔"工具

　　在 Adobe XD 中，使用"钢笔"工具可以创建路径对象。路径是指用户勾绘出来的由一系列点连接起来的线段或曲线，连接这些线段或曲线，最终完成路径对象的绘制。

### 1. 认识路径

路径包括有起点和终点的开放式路径，如图 3-14 所示；没有起点和终点的闭合式路径，如图 3-15 所示；此外，也可以由多个相对独立的路径组成，每个独立的路径称为子路径，如图 3-16 所示。

图 3-14　开放式路径　　　　　　图 3-15　闭合式路径　　　　　　图 3-16　多条路径

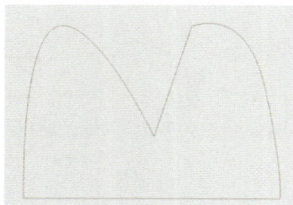

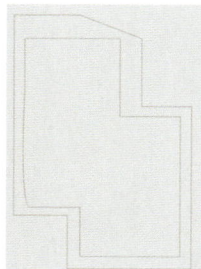

路径是由直线路径段或曲线路径段组成的，它们通过锚点连接。锚点分为两种，一种是平滑点，另外一种是角点。连接平滑点可以形成平滑的曲线，如图 3-17 所示；连接角点可以形成直线或者转角曲线，如图 3-18 和图 3-19 所示。曲线路径段上的锚点有方向线，方向线的端点为方向点，它们主要用来调整曲线的形状。

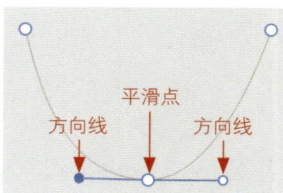

图 3-17　由平滑点组成的曲线　　　图 3-18　由角点组成的直线　　　图 3-19　转角曲线

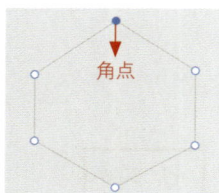

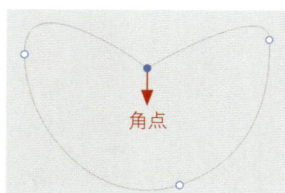

> **提示**
>
> 路径是一些矢量式的线条，因此无论缩小或放大路径对象，都不会影响它的分辨率或平滑度。

### 2. 创建直线路径对象

单击工具箱中的"钢笔"工具按钮，将光标移至工作区域中，当光标变为 状态时，单击即可创建一个锚点，如图 3-20 所示。将光标移至下一处位置单击，创建第二个锚点，两个锚点会连接成一条由角点定义的直线路径，如图 3-21 所示。

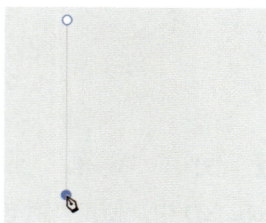

图 3-20　创建锚点　　　　　　　　　　图 3-21　绘制直线路径

使用相同的方法，在其他位置单击创建第二条直线，如图 3-22 所示。将光标移至第一个锚点的上方，当光标变为 ▶ 状态时，单击即可闭合路径，如图 3-23 所示。

图 3-22　创建第二条直线

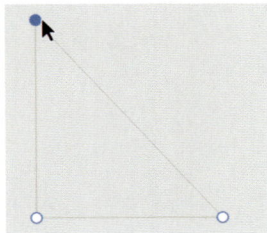

图 3-23　闭合路径

### 知识链接：如何结束开放式路径的绘制

如果要结束一段开放式路径的绘制，可以单击工具箱中的其他工具或按【Esc】键，即可结束当前路径的绘制。

> **提示**
>
> 使用"钢笔"工具绘制直线的方法比较简单，在操作时中只需单击，不要拖曳鼠标，否则将绘制出曲线路径。如果按住【Shift】键的同时使用"钢笔"工具绘制直线路径，可以绘制出水平、垂直或以 45°角为增量的直线。

### 3. 创建曲线路径对象

单击工具箱中的"钢笔"工具按钮，将光标移至工作区域，按下鼠标左键并拖曳创建一个平滑点，如图 3-24 所示。

将光标移至下一个位置再次按下鼠标左键并拖曳，创建第二个平滑点，如图 3-25 所示。使用相同的方法，继续创建平滑点，绘制一段平滑的曲线，如图 3-26 所示。

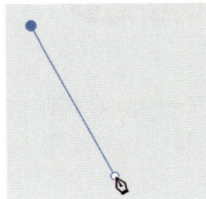

图 3-24　创建平滑点

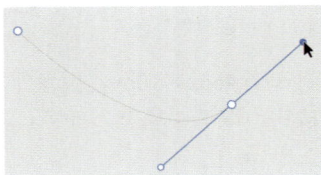

图 3-25　创建第二个平滑点

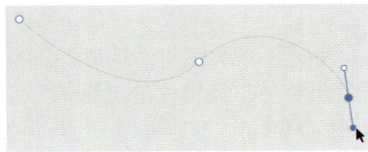

图 3-26　绘制平滑的曲线

> **提示**
>
> 在使用"钢笔"工具绘制曲线的过程中，可以拖动方向线控制其方向和长度，进而影响下一个锚点生成路径的走向，绘制出不同效果的曲线。

## 3.1.6　应用案例——设计制作标签栏图标

源文件：源文件 / 第 3 章 / 设计制作标签栏图标 .xd
操作视频：视频 / 第 3 章 / 设计制作标签栏图标 .mp4

**Step01** 启动 Adobe XD 软件，创建一个 iPhone X、XS、11 Pro（375×812）文件，如

图 3-27 所示。使用"矩形"工具在画板中创建一个 50px×50px 的矩形，按【Ctlr+L】组合键将矩形锁定，如图 3-28 所示。

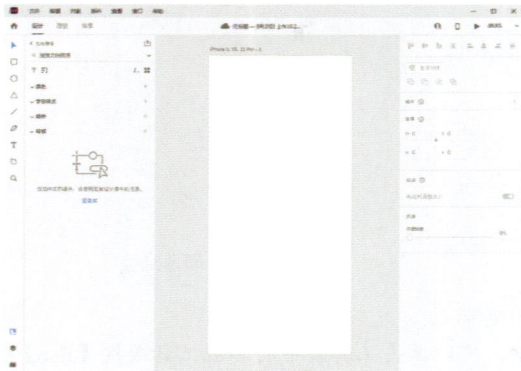

图 3-27 新建文档

图 3-28 绘制矩形

**Step02** 继续使用"矩形"工具绘制一个 40px×28px 的矩形，设置"填充"颜色为 #F8DF00，"边界"颜色为 #E25939，"大小"为 2，效果如图 3-29 所示。

**Step03** 设置矩形下方两个边角的圆角半径为 6，效果如图 3-30 所示。创建一个 10px×35px 的矩形，设置"填充"颜色为 #FF927D，效果如图 3-31 所示。

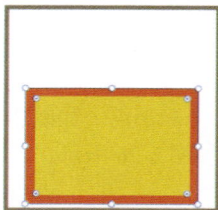

图 3-29 绘制矩形

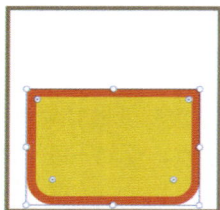

图 3-30 设置边角半径

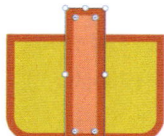

图 3-31 绘制矩形

**Step04** 继续使用"矩形"工具绘制一个 46px×10px，圆角半径为 6，效果如图 3-32 所示。单击工具箱中的"钢笔"工具按钮，取消"填充"颜色，在画板中绘制如图 3-33 所示的图形。

**Step05** 按住【Alt】键的同时使用"选择"工具拖曳复制图形，如图 3-34 所示图形。单击"属性"面板中的"水平翻转"按钮，调整图形位置，图标效果如图 3-35 所示。

图 3-32 绘制圆角矩形

图 3-33 绘制图形

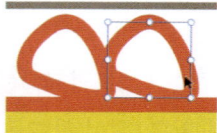

图 3-34 拖曳复制图形

图 3-35 图标效果

**Step06** 使用相同的方法，可以完成其他图标的绘制，效果如图 3-36 所示。

图 3-36　绘制其他图标效果

> **提示**
>
> iOS 系统底部标签导航栏上的图标尺寸为 50px×50px。Android 系统 320px×480px 屏幕大小导航栏上的图标尺寸为 32px×32px。

## 3.2　编辑对象

设计一款移动 App 原型往往需要运用大量的对象，同时用户还需要对这些对象进行多次编辑，才能得到理想的 App 原型效果。

### 3.2.1　选择和删除对象

要想实现对象的编辑操作，首先要选择对象。单击工具箱中的"选择"工具按钮，将光标移至工作区域中，当光标变为 状态时，如图 3-37 所示，单击对象或组即可完成选中操作，如图 3-38 所示。

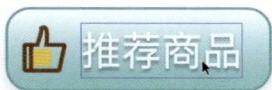

图 3-37　光标改变

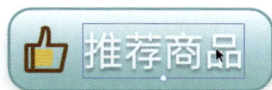

图 3-38　选中对象或组

按下鼠标左键并向任意方向拖曳创建选择范围，如图 3-39 所示。松开鼠标左键后，选择范围内的所有对象、组、图像和文本都将被选中。用户也可以按住【Shift】键不放并逐个单击想要选中的对象，如图 3-40 所示，完成后即可选中多个对象。

图 3-39　创建选择范围

图 3-40　选中多个对象

> **提示**
>
> 对象被选中后，对象的四周会出现蓝色边框。此时，将光标置于被选中对象的蓝色边框范围内，按下鼠标左键并拖曳对象到其他位置，松开鼠标左键后，对象将被放置在该位置上。

执行"编辑 > 全选"命令或按【Ctrl+A】组合键,如图 3-41 所示,即可选中文件场景中的所有对象。执行"编辑 > 全部取消选择"命令或按【Shift+Ctrl+A】组合键,即可取消选择文件场景中的所有对象,如图 3-42 所示。

如果用户想要删除 Adobe XD 工作区域中的多余对象,首先需要将其选中,然后执行"编辑 > 删除"命令或按【Delete】键,如图 3-43 所示。也可以在想要删除的对象上方右击,在弹出的快捷菜单中选择"删除"命令,如图 3-44 所示。

图 3-41  全部选中对象　图 3-42  全部取消选择　图 3-43  执行"删除"命令　图 3-44  选择右键快捷
　　　　　　　　　　　　　　　　对象　　　　　　　　　　　　　　　　　　　　　　　菜单中的"删除"命令

### 3.2.2  拷贝和粘贴对象

如果用户想要制作重复对象,可以通过"拷贝"和"粘贴"命令来完成。选中想要复制的对象,执行"编辑 > 拷贝"命令或按【Ctrl+C】组合键,将对象拷贝到内存中,如图 3-45 所示。然后执行"编辑 > 粘贴"命令或按【Ctrl+V】组合键,复制对象将出现在原位,如图 3-46 所示。

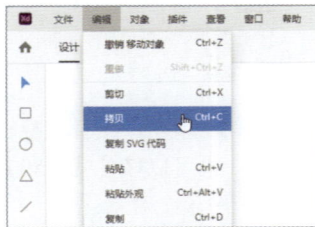

图 3-45  执行"拷贝"命令　　　　　　　　　图 3-46  执行"粘贴"命令

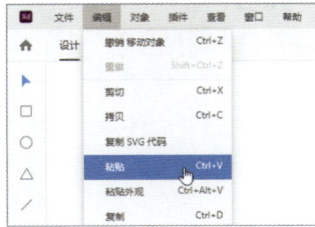

**提示**

用户也可以在选中的对象上右击,在弹出的快捷菜单中选择"拷贝"命令。然后在工作区域的空白处右击,在弹出的快捷菜单中选项"粘贴"命令。

执行"编辑 > 剪切"命令或按【Ctrl+X】组合键,如图 3-47 所示,选中对象将被剪切到剪贴板中,场景中的对象将被删除。执行"编辑 > 粘贴"命令,可将剪切的对象复制到新位置。

执行"编辑 > 复制 SVG 代码"命令,如图 3-48 所示,可将选中的对象以 SVG 代码的形式复制到剪贴板中,然后打开 Photohop、Illustrator、Sketch 或 Figma 等软件,执行

"编辑＞粘贴"命令，可将 SVG 代码复制到新文件中。

图 3-47　执行"剪切"命令　　　　图 3-48　执行"复制 SVG 代码"命令

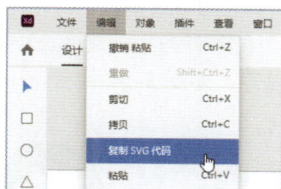

**提示**

　　SVG 是将图像描述为形状、路径、文本和滤镜效果的矢量格式。可以在网络、印刷甚至资源受限的手持设备上提供高质量的图形。

　　按住【Alt】键的同时向任意方向拖曳选中对象，可复制选中对象到任意位置，如图 3-49 所示。选中要复制的对象，执行"编辑＞复制"命令或按【Ctrl+D】组合键，如图 3-50 所示，即可在当前位置复制对象。

图 3-49　拖曳复制对象　　　　图 3-50　执行"复制"命令

**提示**

　　按住【Shift】键的同时拖曳复制对象，将实现水平或垂直方向复制对象的效果。

### 3.2.3　对齐和分布对象

　　Adobe XD 的"属性"面板中包含 8 个对齐与分布按钮，选中两个或两个以上的对象，单击"属性"面板顶部的任一对齐或分布按钮，选中的对象将按照所选方式进行排列。

　　选中 Adobe XD 工作区域中两个以上的对象，如图 3-51 所示。单击"顶部对齐"按钮 或按【Shift+Ctrl+↑】组合键，选中对象将以最上方对象的上边边线对齐，如图 3-52 所示。

图 3-51　选中两个以上的对象　　　　图 3-52　顶部对齐

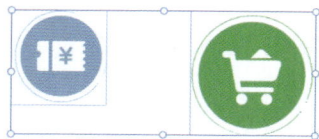

　　单击"居中对齐（垂直）"按钮 ✚ 或按【Shift+M】组合键，选中对象将沿垂直方向居中对齐，如图 3-53 所示。

　　单击"底部对齐"按钮 ⬓ 或按【Shift+Ctrl+ ↓】组合键，选中对象将以底部对象的下边边线对齐，如图 3-54 所示。

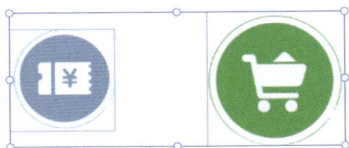

图 3-53　居中对齐（垂直）

图 3-54　底部对齐

　　选中 Adobe XD 工作区域中 3 个以上的对象，如图 3-55 所示。单击"水平分布"按钮 ⦚ 或按【Shift+Ctrl+H】组合键，选中对象将具有相同的左右间隔，如图 3-56 所示。

图 3-55　选中 3 个以上的对象

图 3-56　水平分布

图 3-57　选中两个以上
　　　　的对象

图 3-58　左对齐

　　选中 Adobe XD 工作区域中两个以上的对象，如图 3-57 所示。单击"左对齐"按钮 ⬒ 或按【Shift+Ctrl+ ←】组合键，选中对象将以最左方对象的左边边线对齐，如图 3-58 所示。

　　单击"居中对齐（水平）"按钮 ✚ 或按【Shift+C】组合键，选中对象将沿水平方向居中对齐，如图 3-59 所示。单击"右对齐"按钮 ⬓ 或按【Shift+Ctrl+ →】组合键，选中对象将以最右方对象的右边边线对齐，如图 3-60 所示。

　　选中 Adobe XD 工作区域中 3 个以上的对象，如图 3-61 所示。单击"垂直分布"按钮 ≡ 或按【Shift+Ctrl+V】组合键，选中对象将具有相同的前后间隔，如图 3-62 所示。

图 3-59　居中对齐
　　　　（水平）

图 3-60　右对齐

图 3-61　选中 3 个
　　　　以上的对象

图 3-62　垂直分布

**提示**

执行"对象 > 对齐 >"命令或"对象 > 分布"命令，在打开的子菜单中选择任意命令，也可以使选中对象完成对齐和分布操作。

### 3.2.4　排列对象

如果用户想要调整对象的排列顺序，可以通过"对象 > 排列"子菜单中的命令来完成，子菜单包括置为顶层、前移一层、后移一层和置为底层 4 个命令，如图 3-63 所示。

| | |
|---|---|
| 置为顶层 | Shift+Ctrl+] |
| 前移一层 | Ctrl+] |
| 后移一层 | Ctrl+[ |
| 置为底层 | Shift+Ctrl+[ |

图 3-63　4 个子菜单命令

除了"排列"命令，用户也可以使用快捷菜单中的排列命令或相应的组合键，快速完成调整对象排列顺序的操作。

例如，在选中对象上右击，在弹出的快捷菜单中选择"后移一层"命令，如图 3-64 所示。或者按【Ctrl+[】组合键，该对象将向后移动一层，效果如图 3-65 所示。

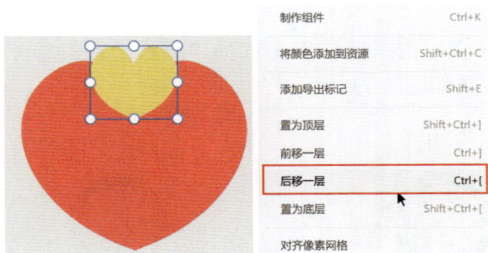

图 3-64　后移一层

图 3-65　排列效果

### 3.2.5　应用案例——设计制作扁平风格装饰图标

源文件：源文件 / 第 3 章 / 设计制作扁平风格装饰图标 .xd
操作视频：操作视频 / 第 3 章 / 设计制作扁平风格装饰图标 .mp4

**Step01** 新建一个画板尺寸为 1024px×1024px 的文件，如图 3-66 所示。使用"椭圆"工具在画板中绘制一个正圆对象，设置"填充"颜色为 #F5A938，如图 3-67 所示。

图 3-66　新建文件

图 3-67　绘制正圆对象

**Step02** 使用"矩形"工具在画板中绘制一个圆角矩形，设置"填充"颜色为 #FB840E，效果如图 3-68 所示。使用"椭圆"工具绘制两个正圆对象，并分别设置填充颜色为 #08C107 和 #F652EB，效果如图 3-69 所示。

**Step03** 使用"多边形"工具在画板中绘制三角形对象，在"属性"面板中设置"填充"颜色为 #EEE00E，"角计数"为 5，"星形比"为 80%，如图 3-70 所示，对象效果如图 3-71 所示。

图 3-68　绘制圆角矩形对象　　　图 3-69　绘制正圆对象　　　图 3-70　设置"属性"面板

**Step04** 使用"椭圆"工具在画板中绘制两个"填充"颜色为 #FB840E 的正圆对象，效果如图 3-72 所示。

**Step05** 选中一个正圆对象，右击，在弹出的快捷菜单中选择"后移一层"命令，继续后移两次选中对象，制作完成的图标效果如图 3-73 所示。

图 3-71　绘制对象的效果　　　图 3-72　绘制两个正圆对象　　　图 3-73　完成后的图标效果

## 3.2.6　调整和旋转对象

用户创建移动 App 原型的过程不可能一蹴而就，需要经过反复调整、变化和组合，才能达到满意的效果。下面将讲解如何在 Adobe XD 中通过调整和旋转对象，完成组合和变换移动 App 原型操作。

选中对象或对象组，将光标置于对象或对象组四周顶点的圆形手柄上，当光标变为 ⤢ 状态时，如图 3-74 所示，按下鼠标左键并拖曳，可以调整对象或对象组的大小，如图 3-75 所示。将对象缩放至想要的大小后松开鼠标左键，完成调整对象的操作。

单击"属性"面板中 W 选项和 H 选项中间的"锁定"图标，如图 3-76 所示，再对对象或对象组进行调整大小的操作，调整后的对象或对象组的宽高比例保持不变。

如果用户完成调整对象大小的操作后，对象的显示效果无法满足设计需求，还可以尝试旋转对象的角度，来变换对象的显示效果。

选中对象或对象组，将光标置于对象或对象组四周顶点的外部边缘，当光标变为 ↰ 状态时，如图 3-77 所示，按下鼠标左键并拖曳，可以旋转对象或对象组，如图 3-78 所示。将对象旋转到想要的角度后松开鼠标左键，完成变换对象角度的操作。

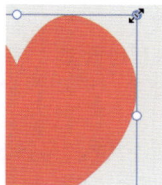

图 3-74　光标状态　　　　图 3-75　调整对象的大小　　　　　图 3-76　锁定长宽比

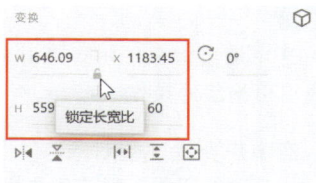

图 3-77　光标状态　　　　　　　　　　图 3-78　旋转对象

　　用户也可以在"属性"面板的"旋转"文本框中输入具体的数值，如图 3-79 所示，输入完成后，选中的对象或对象组随之旋转相应的角度，如图 3-80 所示。

图 3-79　输入具体数值　　　　　　图 3-80　旋转相应的角度

## 3.2.7　编组和锁定对象

　　随着移动 App 原型设计的深入制作，对象的数量会逐渐增加。此时，使用编组操作来组织和管理对象，可以使原型设计中的元素结构更加清晰，也便于管理和编辑合成对象。

　　选中想要编组的多个对象，如图 3-81 所示。执行"对象 > 组"命令或按【Ctrl+G】组合键，可将选中的多个对象编为一个整体，如图 3-82 所示。

　　用户也可以在选中的对象上右击，在弹出的快捷菜单中选择"组"命令，如图 3-83 所示。完成后，选中的多个对象将组合为一个整体。

| | |
|---|---|
| 剪切 | Ctrl+X |
| 拷贝 | Ctrl+C |
| 复制 SVG 代码 | |
| 粘贴 | Ctrl+V |
| 粘贴外观 | Ctrl+Alt+V |
| 删除 | Del |
| 锁定 | Ctrl+L |
| 隐藏 | Ctrl+, |
| 组 | Ctrl+G |
| 取消编组 | Shift+Ctrl+G |

图 3-81　选中多个选项　　　　图 3-82　编组对象为整体　　　图 3-83　选择"组"命令

提示

选中编组对象，执行"对象 > 取消编组"命令或按【Shift+Ctrl+G】组合键，可以完成取消编组的操作。

选中想要锁定的对象，执行"对象 > 锁定"命令或按【Ctrl+L】组合键，将锁定对象，此时对象四周出现灰色边框，同时对象左上角出现锁头标志 🔒，如图 3-84 所示。

图 3-84　锁定对象

用户也可以在选中的对象上右击，在弹出的快捷菜单中选择"锁定"命令。完成后，选中的多个对象将被锁定。

提示

选中锁定对象，执行"对象 > 解锁"命令或按【Ctrl+L】组合键，可以完成解锁对象的操作。

## 3.2.8　应用案例——绘制 iOS 系统的状态栏图标

源文件：源文件 / 第 3 章 / 绘制 iOS 系统的状态栏图标 .xd
操作视频：视频 / 第 3 章 / 绘制 iOS 系统的状态栏图标 .mp4

Step01 新建一个画板尺寸为 375px×20px 的文件，如图 3-85 所示。使用"矩形"工具在画板中绘制一个矩形对象，在"属性"面板中设置矩形对象的"填充"颜色为黑色，效果如图 3-86 所示。

图 3-85　新建文档

图 3-86　绘制矩形对象

Step02 设置矩形的"圆角半径"为 0.3，如图 3-87 所示。按【Ctrl+D】组合键 3 次，复制 3 个矩形并使用"移动"工具移动其位置，效果如图 3-88 所示。逐一调整矩形的高度，效果如图 3-89 所示。

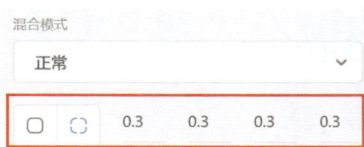

图 3-87　设置矩形圆角半径　　　　图 3-88　复制图形　　　　图 3-89　调整矩形高度

**Step03** 拖曳选中所有矩形，单击"水平分布"按钮，调整矩形间的间距。按【Ctrl+G】组合键将图形编组，完成信号图标的绘制，如图 3-90 所示。

**Step04** 设置"填充"颜色为 #3591F7，使用"钢笔"工具在画板中连续单击绘制如图 3-91 所示的图形，按住【Alt】键不放使用"选择"工具向下拖曳复制对象，执行"对象 > 变换 > 垂直翻转"命令，对象效果如图 3-92 所示。

图 3-90　水平分布矩形并编组　　　　　　　图 3-91　绘制对象

**Step05** 使用"钢笔"工具绘制如图 3-93 所示的图形。按【Ctrl+D】组合键复制图形并垂直翻转，完成蓝牙图标的绘制，效果如图 3-94 所示。

图 3-92　复制并垂直翻转　　　图 3-93　绘制图形　　　图 3-94　蓝牙图标效果

**Step06** 拖曳选中蓝牙图标，按【Ctrl+G】组合键编组，将图标移动到画板如图 3-95 所示的位置。

图 3-95　移动图标位置

## 3.3　布尔运算

在"属性"面板顶部的"重复网格"选项下方包含添加、减去、交叉和排除重叠 4

图 3-96　4 种布尔运算

种运算方式，称为布尔运算，如图 3-96 所示。选中两个或多个对象后，用户可以选择不同的运算方式，以实现更丰富的路径效果。

### 3.3.1　添加

使用"添加"运算方式，可以将某个对象的部分面积添加到与之相交的对象中。在 Adobe XD 的工作区域中，选中两个对象，如图 3-97 所示。单击"属性"面板中的"添加"按钮，得到添加后的对象，效果如图 3-98 所示。

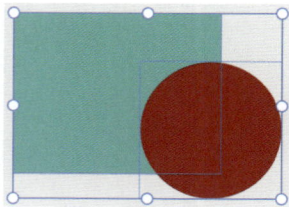

图 3-97　选中对象

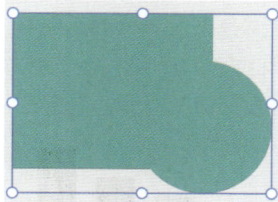

图 3-98　对象效果

> **提示**
>
> "添加"运算方式完成后，添加对象的填充颜色和边界颜色与最底层对象的填充颜色和边界颜色相同。

按住【Ctrl】键不放并使用"选择"工具连续单击选中多个对象，如图 3-99 所示。按【Ctrl+Alt+U】组合键，将多个对象合并为一个对象，如图 3-100 所示。此时，"属性"面板中的"添加"按钮变为蓝色。

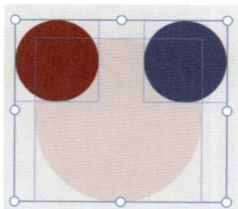

图 3-99　选中多个对象

图 3-100　合并为一个对象

### 3.3.2　减去

使用"减去"运算方式，可以从大面积对象的区域范围中去除小面积对象的区域范围。在 Adobe XD 的工作区域中，选择两个或多个对象，如图 3-101 所示。单击"属性"面板中的"减去"按钮或按【Ctrl+Alt+S】组合键，可以得到减去后的对象，效果如图 3-102 所示。

> **提示**
>
> "减去"运算方式完成后，减去对象的填充颜色和边界颜色与最底层对象的填充颜色和边界颜色相同。

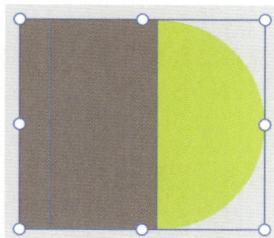

图 3-101　选中对象　　　　　　　　　图 3-102　对象效果

### 3.3.3　交叉

使用"交叉"运算方式，可以得到对象与对象之间相交的区域范围。在 Adobe XD 的工作区域中，选中两个或多个对象，如图 3-103 所示。单击"属性"面板中的"交叉"按钮 或按【Ctrl+Alt+I】组合键，可以得到对象中的交叉区域范围，效果如图 3-104 所示。

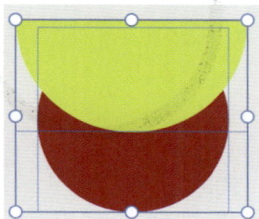

图 3-103　选中对象　　　　　　　　　图 3-104　对象效果

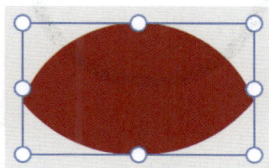

**提示**

"交叉"运算方式完成后，交叉对象的填充颜色和边界颜色与最底层对象的填充颜色和边界颜色相同。

### 3.3.4　排除重叠

使用"排除重叠"运算方式，将使用某个对象的面积反转其他对象，并将对象的相交区域变成孔，反之亦然。在 Adobe XD 的工作区域中，选中两个或多个对象，如图 3-105 所示。单击"属性"面板中的"排除重叠"按钮 或按【Ctrl+Alt+X】组合键，效果如图 3-106 所示。

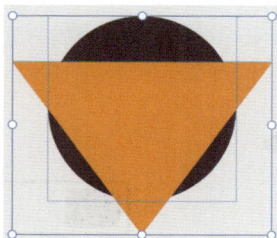

图 3-105　选中对象　　　　　　　　　图 3-106　对象效果

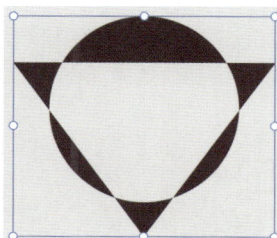

**提示**

"排除重叠"运算方式完成后，排除重叠对象的填充颜色和边界颜色与最底层对象的填充颜色和边界颜色相同。

### 3.3.5　应用案例——绘制 iOS 系统 Wi-Fi 电池图标

源文件：源文件 / 第 3 章 / 绘制 iOS 系统 Wi-Fi 和电池图标 .xd
操作视频：视频 / 第 3 章 / 绘制 iOS 系统 Wi-Fi 和电池图标 .mp4

**Step01** 打开"素材 / 第 3 章 /301.xd"文件，使用"椭圆"工具在画板中绘制两个椭圆对象并选中它们，如图 3-107 所示。单击"属性"面板顶部的"减去"按钮，对象效果如图 3-108 所示。

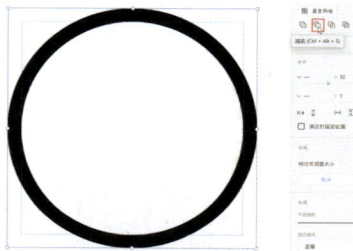

图 3-107　选中两个对象　　　　　　　　图 3-108　"减去"效果

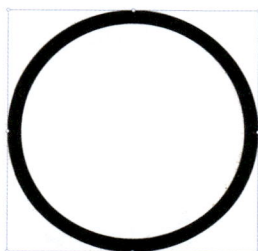

**Step02** 使用步骤 1 的方法再次制作一个圆环对象，如图 3-109 所示。使用"椭圆"工具绘制正圆对象，拖曳选中两个圆环和正圆，单击"属性"面板顶部的"添加"按钮，对象效果如图 3-110 所示。

**Step03** 使用"多边形"工具绘制一个三角形对象并将其进行垂直翻转，移动到如图 3-111 所示的位置。选中三角形和圆环对象，单击"属性"面板顶部的"交叉"按钮，如图 3-112 所示。

图 3-109　再次制作圆环对象　　　图 3-110　合并多个对象　　　图 3-111　制作三角形对象

**Step04** 完成 Wi-Fi 图标的绘制，效果如图 3-113 所示。继续使用相同的方法，完成系统电池图标的绘制，效果如图 3-114 所示。

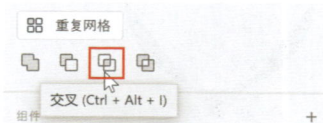

图 3-112　单击"交叉"按钮　　　图 3-113　Wi-Fi 图标效果　　　图 3-114　电池图标效果

分别将 Wi-Fi 图标和电池图标编组，并移动到画板如图 3-115 所示的位置。

图 3-115　移动图标位置

## 3.4　为对象设置样式

用户在 Adobe XD 中创建对象后，可以在"属性"面板中为对象添加样式，包括设置填充颜色、边界颜色、内阴影和投影等，还可以通过布尔运算、蒙版遮盖对象和创建重复元素等操作，为对象设置更加精细的样式。

### 3.4.1　设置填充

选择画布中对象，在"属性"面板中单击"填充"选项前的色块，弹出"拾色器"对话框，可以在该对话框中选择需要的颜色，也可以直接输入颜色值，获得准确的颜色，如图 3-116 所示。设置完成后，对象的填充效果如图 3-117 所示。

单击"填充"选项后面的"吸管"按钮 🖋，将光标移动到 Adobe XD 工作界面中任意位置单击吸取颜色，如图 3-118 所示，吸取到的颜色将被设置为对象的填充颜色。

Adobe XD 为用户提供了 3 种颜色显示方式，分别为 Hex、RGB 和 HSB，如图 3-119 所示。Hex 采用十六进制数来表示颜色，常用于网页设计、软件开发、图形设计和印刷等领域。RGB 颜色模式是一种将颜色表现为数字形式的模型，通过红、绿、蓝 3 种颜色的不同组合来表示颜色。这种模式广泛应用于各种媒体、设备，以及数码相机和其他图像处理软件中。

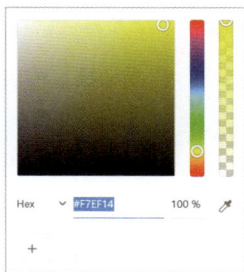

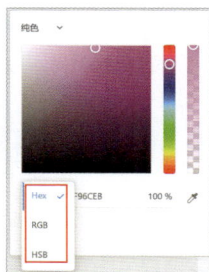

图 3-116　"拾色器"对话框　图 3-117　填充效果　图 3-118　吸取颜色　图 3-119　3 种颜色显示方式

HSB 色彩模式是一种用数字表示颜色的算法，它以色相（H）、饱和度（S）、亮度（B）来描述颜色的基本特性，主要应用于显示和打印图像的颜色模型。

提示
创建对象后，"填充"颜色默认为"停用"状态，"边界"颜色默认为"启用"状态。

### 1. 创建和修改渐变颜色
除了可以为对象添加纯色的填充颜色，在 Adobe XD 中还可以为对象添加线性渐变、径向渐变和角度渐变的填充颜色。

使用渐变颜色可以创建多种颜色间的逐渐混合，实质上就是在对象中填入一种具有多种颜色过渡的混合色。这个混合色可以是纯色到另一种纯色的过渡，也可以是纯色与透明颜色间的相互过渡，或者是其他颜色间的相互过渡。

1）线性渐变

单击"拾色器"对话框左上角的 ⌄ 按钮，打开如图 3-120 所示的填充类型下拉列表框，选择"线性渐变"选项。"拾色器"对话框顶部出现渐变颜色条，如图 3-121 所示。

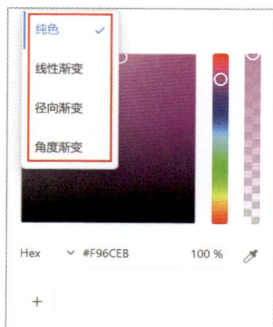

图 3-120 填充类型

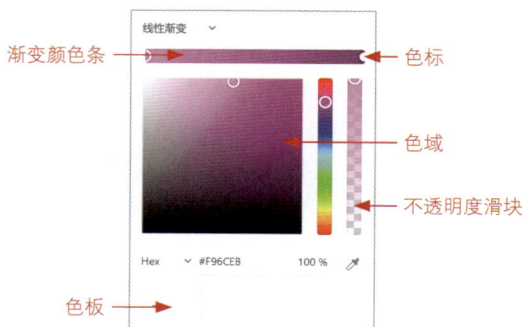

图 3-121 渐变预览条

图 3-122 为新建色标指定颜色

单击渐变颜色条上的色标将其选中，拖动可移动色标位置。然后在色域中单击为色标指定颜色。此外，在颜色值文本框中输入具体数值，也可为色标指定颜色。

如果想给线性渐变指定多种颜色，可以在渐变颜色条中单击，此时渐变颜色条中会多出一个渐变色标，然后给这个渐变色标指定一种颜色，如图 3-122 所示。为色标指定颜色后，对象上的渐变编辑器如图 3-123 所示。

选中渐变颜色条上的某个色标后，拖动不透明度滑块可以改变该色标的不透明度，如图 3-124 所示。用户也可以在"拾色器"对话框下方的 Alpha 文本框中输入具体数值为色标设置不透明度，如图 3-125 所示。

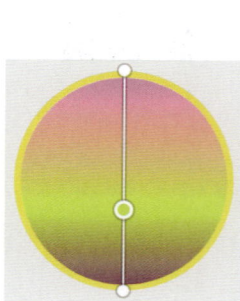

图 3-123 对象上的渐变编辑器

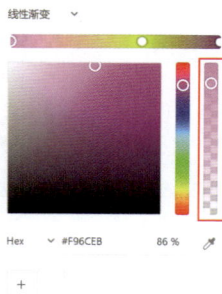

图 3-124 使用不透明度滑块

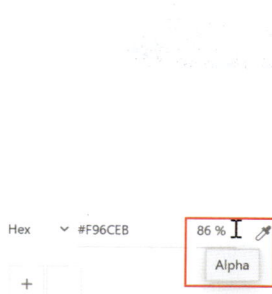

图 3-125 Alpha 文本框

2）径向渐变

在"拾色器"对话框左上角的填充类型下拉列表框中选择"径向渐变"选项，"拾色器"对话框如图 3-126 所示，对象应用的渐变颜色如图 3-127 所示。

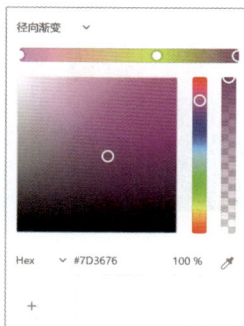

图 3-126　"拾色器"对话框（径向渐变）

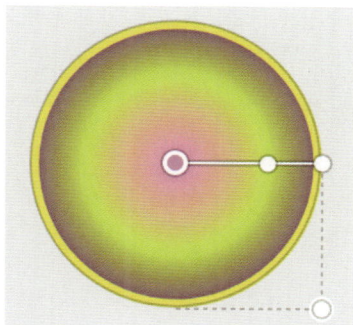

图 3-127　应用径向渐变效果

3）角度渐变

在"拾色器"对话框左上角的填充类型下拉列表框中选择"角度渐变"选项，"拾色器"对话框如图 3-128 所示，对象应用的渐变颜色如图 3-129 所示。

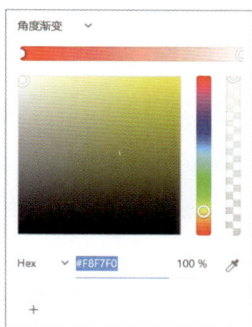

图 3-128　"拾色器"对话框（角度渐变）

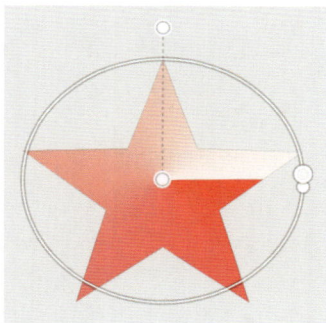

图 3-129　应用角度渐变效果

> **提示**
>
> 　　Adobe XD 中的线性渐变是沿直线从起点到终点进行着色；径向渐变则是从起点到终点以圆形范围进行着色；角度渐变则是从起点到终点以角度范围进行着色。用户可以选择需要的渐变类型，以得到不同的渐变效果。

## 3.4.2　设置边界

"边界"用来为对象设置描边颜色，该选项与"填充"的设置方法一致，但是需要注意的是，边界颜色只能设置纯色。

一般情况下，用户在工作区域中创建对象后，该对象的"边界"选项为选择状态，边界宽度默认为 1px，如图 3-130 所示。

单击"属性"面板中"边界"选项前的色块，弹出"拾色器"对话框，如图 3-131 所示，在对话框中的色域内单击或在颜色值文本框中输入具体数值，为对象指定边界颜色。

为对象指定边界颜色后，还可以将边界由实线调整为虚线，并为虚线设置间隔宽度，如图 3-132 所示。设置不同的虚线数量和间隔宽度，对象边界颜色的显示效果也会有所不同，如图 3-133 所示。

图 3-130　"边界"选项的默认状态

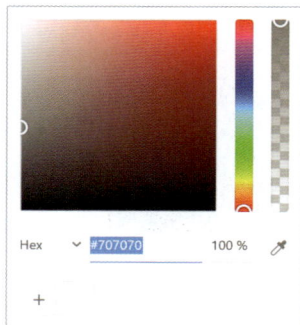

图 3-131　指定边界颜色

图 3-132　设置虚线边界

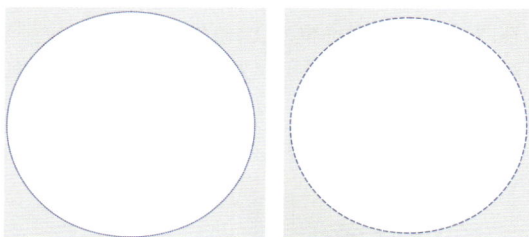

图 3-133　设置不同的虚线数量和间隔宽度后的效果

图 3-134　设置边界位置、端点和触点形状

用户还可以在"属性"面板中为对象的边界设置边界位置、端点和触点形状等参数，如图 3-134 所示。

单击"内部描边"按钮 ⌊，对象的边界内容位于对象边线内，如图 3-135 所示。单击"外部描边"按钮 ⌊，对象的边界内容位于对象边线外，如图 3-136 所示。单击"中心描边"按钮 ⌊，对象的边界内容位于对象边线的中心点，如图 3-137 所示。

图 3-135　内部描边

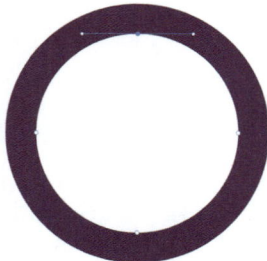

图 3-136　外部描边

图 3-137　中心描边

单击"平头端点"按钮 ∈，对象边界内容的两端变为光滑的平头，如图 3-138 所示。单击"圆头端点"按钮 ∈，对象边界内容的两端变为圆头，如图 3-139 所示。单击"矩形端点"按钮 ∈，对象边界内容的两端变为突出的矩形，如图 3-140 所示。

图 3-138　平头端点　　　　　图 3-139　圆头端点　　　　　图 3-140　矩形端点

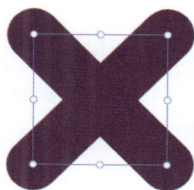

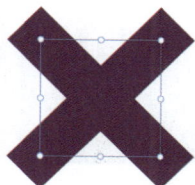

　　单击"斜切连接"按钮 ⌐，对象的边界角点使用斜接的方式进行连接，如图 3-141 所示。单击"圆角连接"按钮 ⌐，对象的边界角点使用圆头的方式进行连接，如图 3-142 所示。单击"斜面连接"按钮 ⌐，对象的边界角点使用斜切的方式进行连接，如图 3-143 所示。

图 3-141　斜切连接　　　　　图 3-142　圆角连接　　　　　图 3-143　斜面连接

### 3.4.3　设置内阴影

　　创建对象或选中一个对象后，单击"属性"面板中"内阴影"选项前的色块，弹出"拾色器"对话框，如图 3-144 所示，用户可在该对话框中指定对象的内阴影颜色。

　　为对象添加内阴影后，"内阴影"选项变为选择状态，同时选项下方出现 3 个文本框，包括 X、Y 和 B（模糊），如图 3-145 所示。使用这 3 个文本框选项可设置内阴影的偏向方向和模糊程度。为对象添加内阴影后的效果如图 3-146 所示。

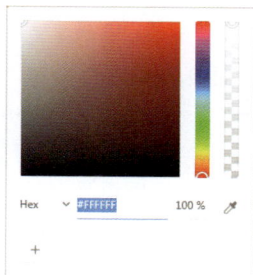

图 3-144　为内阴影指定颜色　　　图 3-145　内阴影参数　　　图 3-146　对象阴影效果

### 3.4.4　设置投影

　　单击"属性"面板中"投影"选项前的色块，弹出"拾色器"对话框，如图 3-147 所示，用户可在该对话框中为对象的投影指定一个颜色并设置相应的参数。对象的投影效果如图 3-148 所示。

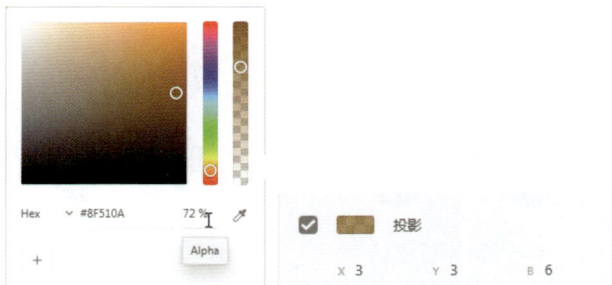

图 3-147　为投影指定颜色并设置参数

图 3-148　对象投影效果

### 3.4.5　应用案例——设计制作视频 App 启动图标

源文件：源文件 / 第 3 章 / 设计制作视频 App 启动图标 .xd
操作视频：视频 / 第 3 章 / 设计制作视频 App 启动图标 .mp4

**Step 01** 新建一个画板尺寸为 1080px×1920px 的文件，使用"矩形"工具在画板中绘制一个尺寸为 144px×144px 的圆角矩形，设置"填充"颜色为 #5AC214，"圆角半径"为 30，效果如图 3-149 所示。

**Step 02** 按【Ctrl+D】组合键复制图形，修改"填充"颜色为 #337C03，拖曳调整矩形大小并设置顶部两个顶点的"圆角半径"值为 0，如图 3-150 所示。双击矩形图形，在矩形上边线上添加两个锚点并调整，效果如图 3-151 所示。

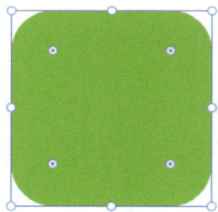

图 3-149　绘制圆角矩形

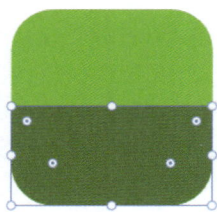

图 3-150　复制图形并进行调整

图 3-151　添加锚点并调整

**Step 03** 使用"矩形"工具在画板中绘制一个尺寸为 100px×60px 的矩形，设置"填充"颜色为白色"边界"颜色为 #707070，效果如图 3-152 所示。设置矩形的"圆角半径"值为 6，不透明度为 60% 效果如图 3-153 所示。

**Step 04** 双击矩形图形进入编辑图形模式，按住【Shift】键的同时依次单击选中右上角两个顶点，向上拖曳调整形状，效果如图 3-154 所示。

图 3-152　绘制矩形

图 3-153　设置圆角半径

图 3-154　调整形状

**Step05** 为图形添加"阴影"效果，设置各项参数如图 3-155 所示。使用"矩形"工具在画板中创建矩形并旋转一定的角度，效果如图 3-156 所示。

图 3-155　添加阴影效果

图 3-156　绘制矩形图形

**Step06** 使用"多边形"工具在画板中绘制三角形，设置圆角半径为 2 ，"填充"颜色为 #707070，如图 3-157 所示。

**Step07** 为图形添加"投影"效果，设置投影颜色为 #2C6C03，其他各项参数如图 3-158 所示。至此，完成视频 App 启动图标的制作。

图 3-157　绘制三角形

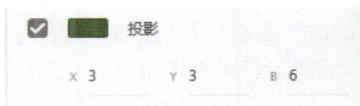

图 3-158　添加投影效果

**提示**

iOS 系统启动图标尺寸为 144px×144px。Android 系统 320px×480px 屏幕大小的启动图标尺寸为 48px×48px。

## 3.5　总结拓展

使用 Adobe XD 的各种工具可以完成移动 UI 中基本图形的绘制。通过各种编辑操作，能够获得更多、更丰富的页面效果。

### 1. 本章小结

通过学习 Adobe XD 创建与编辑对象的方法和技巧，读者应能够完成产品原型和 UI 页面的设计与制作。通过布尔运算，可以完成 UI 页面中各种图标和按钮的制作。为对象添加各种样式，可以获得更加丰富的页面效果。通过本章的学习，读者应在掌握各种工具使用方法的同时，还应了解 App 产品 UI 的基本组成结构和制作方法。

### 2. 拓展案例——设计制作火箭图标

参考本章所学内容，使用"矩形"工具、"椭圆"工具、"直线"工具、"多边形"工具和"钢笔"工具完成如图 3-159 所示的火箭图标的绘制。

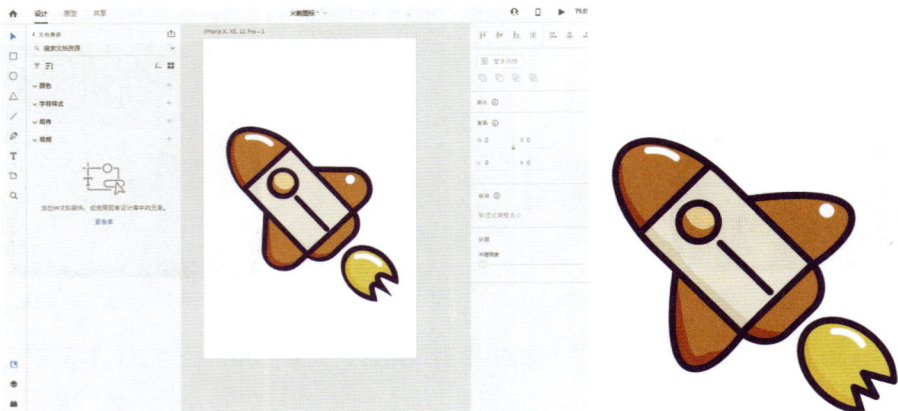

图 3-159　火箭图标

## 3.6　课后测试

完成本章内容学习后，接下来通过几道课后习题，测验一下读者学习 Adobe XD 创建与编辑对象的学习效果，同时加深对所学知识的理解。

### 一、选择题

1. 在绘制矩形时，按住键盘上（　　）键，能够绘制以单击点为中心向四周扩散的矩形对象。

    A. Ctrl　　　　　　　B. Alt　　　　　　　C. Shift　　　　　　D. Backspace

2. 在按住键盘上的【Shift】键绘制直线时，不能绘制的直线角度是（　　）。

    A. 90　　　　　　　　B. 180　　　　　　　C. 30　　　　　　　D. 45

3. 选中要复制的对象，按（　　）组合键，即可直接复制选中对象。

    A. Ctrl+C　　　　　　B. Ctrl+D　　　　　　C. Ctrl+V　　　　　D. Ctrl+B

4. 下列选项中不属于 Adobe XD 为用户提供的颜色显示方式的是（　　）。

    A. CMYK　　　　　　B. RGB　　　　　　C. Hex　　　　　　D. HSB

5. 一般情况下，绘制对象的边界宽度默认为（　　）。

    A. 1px　　　　　　　B. 2px　　　　　　　C. 3px　　　　　　D. 4px

### 二、判断题

1. 路径是由直线路径段或曲线路径段组成的，它们通过锚点连接。（　　）

2. 对对象进行分布操作时，需要至少选中两个对象。（　　）

3. 使用"减去"运算方式，可以从大面积对象的区域范围中去除小面积对象的区域范围。（　　）

4. 在 Adobe XD 中，可以为对象添加线性渐变、径向渐变和角度渐变的填充颜色。
（　　）

5. 一般情况下，用户在工作区域中创建对象后，该对象的"边界"选项为未选中状态。（　　）

### 三、创新题

根据本章所学内容，为一款运行在 HarmonyOS 系统中的 App UI 创建图标组，具体要求和规范如下：

- 内容 / 题材 / 形式。

参考图 3-160 所示，以中国传统艺术文化为主题，设计制作传统服饰 App 页面中的二级菜单图标。

图 3-160

- 设计要求。

在 HarmonyOS 系统中绘制图标时，默认描边粗细为 1.5vp，终点样式为圆头，外圆角为 4vp，内圆角为 2.5vp，端口宽度为 1vp，如图 3-161 所示。

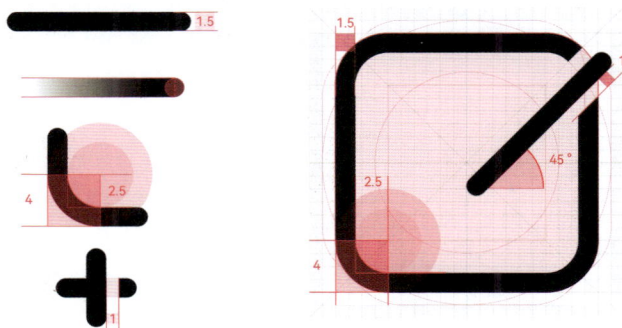

图 3-161　HarmonyOS 系统图标图形的特征

# 第4章
## Adobe XD 设计制作产品原型

使用 Adobe XD 可以轻松地完成 App 产品原型的设计与制作，帮助用户降低试错成本，提升 App 产品的成功率。本章将针对 Adobe XD 中文本的创建与管理进行讲解，同时还将讲解重复网格、设置滚动和设置版面等有助于原型制作的实用功能。

**知识目标**

- 掌握文本的创建与管理方法。
- 掌握创建和编辑重复网格的方法。

**能力目标**

- 能够熟练使用形状蒙版制作 App 原型。
- 能够使用响应式调整大小功能适配不同设备。

**素质目标**

- 鼓励学生敢于创新，勇于尝试新的设计理念和工具。
- 培养学生的逻辑思维能力，确保 App 的交互流程清晰、连贯，符合用户习惯。

## 4.1　创建文本

使用 Adobe XD 中的"文本"工具可以为移动 App 原型设计添加文字内容，以便丰富原型效果和完善原型的页面结构。

### 4.1.1　输入文本

Adobe XD 中文本的内容形式分为两种，分别为"点文本"和"段落文本"。

#### 1. 点文本

单击工具箱中的"文本"工具按钮，在"属性"面板的"文本"选项的"字体大小"文本框中输入数值，设置输入文本的大小后，在工作区域中想要输入文本的位置单击，插入一个键入点，如图 4-1 所示。输入相应的文字后，单击工作区域中的空白处或其他对象，即可提交文字，如图 4-2 所示。使用此方法创建的文本称为"点文本"。

图 4-1　插入键入点

图 4-2　插入点文本并提交

将光标移动到点文本框下方的圆点上，当光标变成↕状态时，按下鼠标左键并拖曳，即可调整文字的大小，如图 4-3 所示。

将光标移动到点文本框下方的圆点上，当光标变成↰状态时，按下鼠标左键并拖曳，即可旋转点文本框，效果如图 4-4 所示。

图 4-3　拖曳调整文字大小

图 4-4　旋转点文本框

### 2. 段落文本

在"属性"面板的"文本"选项的"字体大小"文本框中输入数值，设置输入文本的大小后，使用"文本"工具在工作区域中按下鼠标左键并拖曳创建文本框，如图 4-5 所示。在文本框中输入文字后，单击工作区域中的空白处或其他对象，即可提交文本，如图 4-6 所示。使用此种方法创建的文本称为"段落文本"。

图 4-5　创建文本框

图 4-6　输入段落文本并提交

使用"选择"工具选中段落文本，将光标移动到文本框 4 个角的位置，当光标变成↰状态时，按下鼠标左键并拖曳，可以旋转文本框，如图 4-7 所示。

将光标移动到文本框四周的圆点上，当光标变成↔状态时，按下鼠标左键并拖曳，即可调整文本框的宽度和高度，文本框中的文字将随文本框的变化而自动换行，如图 4-8 所示。

图 4-7　旋转文本框

图 4-8　调整文本框的宽度和高度

**提示**

　　输入点文本时，文字不会自动换行；输入段落文本时，文字会基于文本框的大小自动换行。因此，在处理大量文本内容时，建议使用段落文本功能。

## 4.1.2　导入文本

　　Adobe XD 为用户提供了"导入文本"功能，使用户可以更加方便和快捷完成移动 App 原型设计。

　　将纯文本文件拖曳到 Adobe XD 的工作区域中，如图 4-9 所示。松开鼠标左键后即可将预先编写好的文本添加到当前位置，如图 4-10 所示。使用这种方法添加的文本为段落文本。

图 4-9　拖曳纯文本文件到工作区域

图 4-10　导入文本效果

　　使用"选择"工具拖曳调整文本框的宽度和高度，如图 4-11 所示。在"属性"面板中设置文本大小和颜色，效果如图 4-12 所示。

图 4-11　调整文本框的宽度和高度

图 4-12　设置文本大小和颜色

　　用户还可以在文本文件中选中所需文字，按【Ctrl+C】组合键复制文字，再回到 Adobe XD 工作区域中，单击空白处并按【Ctrl+V】组合键粘贴文字，即可将复制文字以段落文本的形式导入到 Adobe XD 中。

## 4.2　管理文本

　　在移动 App 原型中添加文本内容后，用户可以使用"属性"面板中的选项对文本内容进行管理和优化，使文本内容更加符合移动 UI 设计原则。

### 4.2.1　设置文本格式

　　创建或选中文本后，在"属性"面板中可以为文本指定文本类型、字号大小、字体粗细、字符间距、对齐方式、行间距和段落间距等参数，如图 4-13 所示。

　　使用"选择"工具选中想要设置文本格式的文字，单击"属性"面板中"文本类型"选项后面的 ∨ 按钮，打开"文本类型"下拉列表框，如图 4-14 所示，选择任一文本类型，选中文本将应用该文本类型。

图 4-13　设置文本格式

　　单击"字号大小"文本框并输入数值，选中文本将调整为输入数值的字号大小。单击"字体粗细"选项后面的 ∨ 按钮，打开"字体粗细"下拉列表框，如图 4-15 所示，选择任一选项，选中文本将应用该字体粗细选项。设置完成后，效果如图 4-16 所示。

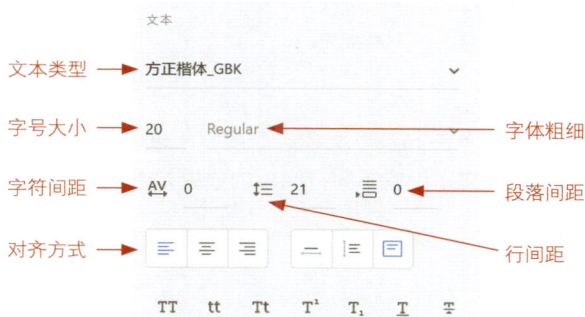

图 4-14　"文本类型"下拉列表框

图 4-15　"字体粗细"下拉列表框

图 4-16　文本效果

**提示**

iOS 系统中默认的字体为"苹方"。Android 系统中默认的英文字体为 Roboto，中文字体为思源黑体。HarmonyOS 系统中默认的字体为 HarmonyOS Sans。

单击"字符间距"选项后面的文本框并输入数值，选中文本内容的字符间距将随之发生改变。为文本设置不同字符间距的效果如图 4-17 所示。

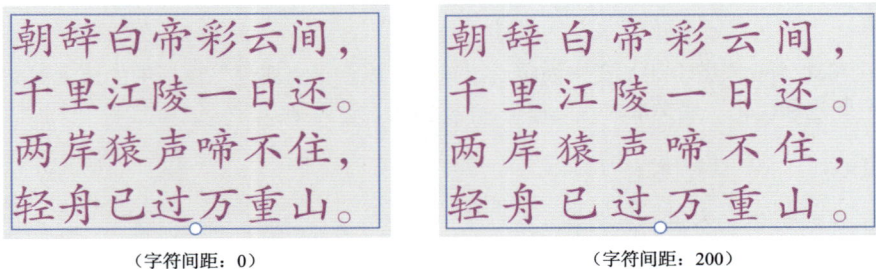

（字符间距：0）　　　　　　　　　　（字符间距：200）

图 4-17　设置不同字符间距的文本效果

单击"行间距"选项后面的文本框并输入数值，选中文本内容的行间距将随之发生改变。为文本设置不同行间距的效果如图 4-18 所示。

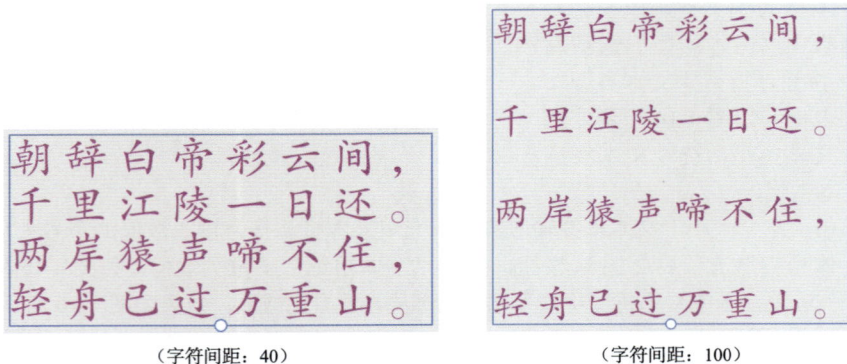

（字符间距：40）　　　　　　　　　　（字符间距：100）

图 4-18　设置不同行间距的文本效果

单击"左对齐"按钮 ≣、"居中对齐"按钮 ≣ 或"右对齐"按钮 ≣，选中的文本内容将按照相应的对齐方式进行显示。为选中文本设置不同对齐方式的效果如图 4-19 所示。

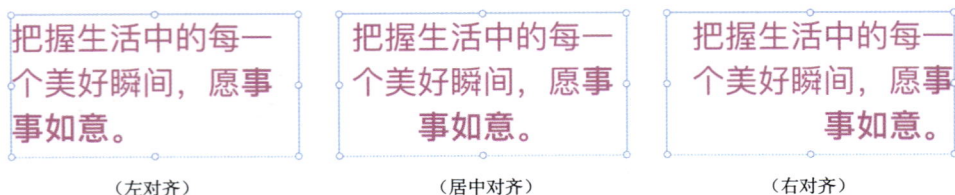

（左对齐）　　　　　　　　（居中对齐）　　　　　　　　（右对齐）

图 4-19　设置不同对齐方式的文本效果

### 4.2.2　设置文本变换

Adobe XD 为用户提供了变换文本的功能，包括大写、小写、词首大写、上标、下标、下画线和删除线 7 个变换选项。如果想要为文本应用变换选项，需要选中文本，然后单击"属性"面板中如图 4-20 所示的任一选项，即可为选中文本应用对应的文本变换。

选中英文文本并单击"属性"面板中的"大写"按钮 TT，选中的文本内容全部变为大写。图 4-21 所示为选中文本和应用"大写"选项的文本。

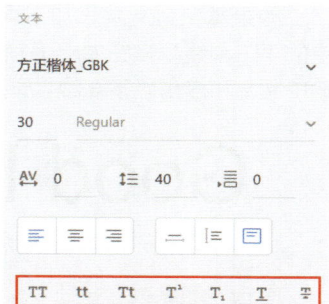

图 4-20　文本变换选项

# Good Luck GOOD LUCK

图 4-21　选中文本和应用"大写"选项的文本

单击"小写"按钮 tt，选中的文本内容全部变为小写。图 4-22 所示为选中文本和应用"小写"选项的文本。

# Good Luck good luck

图 4-22　选中文本和应用"小写"选项的文本

单击"词首大写"按钮 Tt，选中文本中每个单词的第一个字母变为大写。图 4-23 所示为选中文本和应用"词首大写"选项的文本。

# good luck Good Luck

图 4-23　选中文本和应用"词首大写"选项的文本

单击"上标"按钮 T¹，可将选中文本设置为上标。图 4-24 所示为选中文本和应用"上标"选项的文本。

# Good Luck Good Luck

图 4-24　选中文本和应用"上标"选项的文本

单击"下标"按钮 T₁，可将选中文本设置为下标。图 4-25 所示为选中文本和应用"下标"选项的文本。

# Good Luck Good Luck

图 4-25　选中文本和应用"下标"选项的文本

如果想要为文本添加下画线，需要选中点文本或段落文本，然后单击"属性"面板中的"下画线"按钮 ，系统会在选中文本的下方绘制一条平滑的直线。图 4-26 所示为选中文本和应用"下画线"选项的文本。

图 4-26  选中文本和应用"下画线"选项的文本

单击"删除线"按钮 ，系统会在选中文本的中间绘制一条直线。图 4-27 所示为选中文本和应用"删除线"选项的文本。在移动 App 原型设计中，删除线的作用是提醒浏览者文本信息作废。

图 4-27  选中文本和应用"删除线"选项的文本

图 4-28  调整段落文本大小的选项

### 4.2.3  设置段落的宽高

Adobe XD 为用户提供了 3 个调整段落文本大小的选项，如图 4-28 所示。通过这些选项可以扩展文本框的宽度显示溢出内容，还可以动态调整文本框的高度并控制文本区域的宽度和高度。

#### 1. 自动宽度

创建文本框并输入段落文本后，单击"属性"面板中的"自动宽度"选项，可以得到如图 4-29 所示的文本框。此时，段落文本中每一行所能容纳的字数成为固定数值。

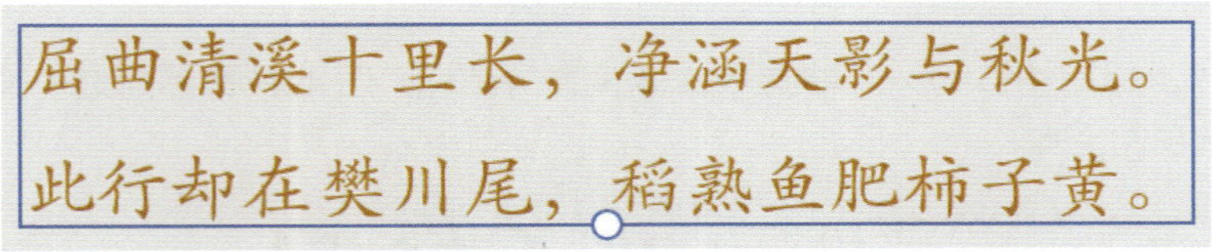

图 4-29  设置"自动宽度"选项

拖曳文本框底部边线中间的手柄时，可以调整段落文本的字体大小，但是文本框中每一行的字数固定不变，如图 4-30 所示。在文本框中输入文字时，文本框的宽度将自动随着文字的长度而发生变化。

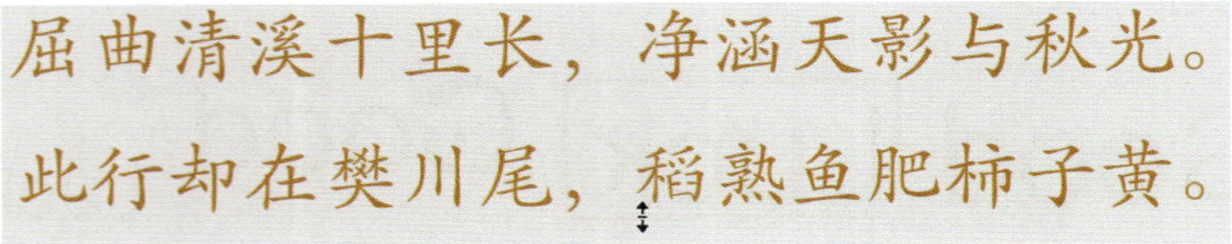

图 4-30  调整大小

### 2. 自动高度

选中段落文本并应用"自动高度"选项，即可动态调整文本框的高度而不改变文本框的宽度。单击"属性"面板中的"自动高度"选项，选中的段落文本可将文本框的高度自动调整为适合界面布局的尺寸，如图 4-31 所示。

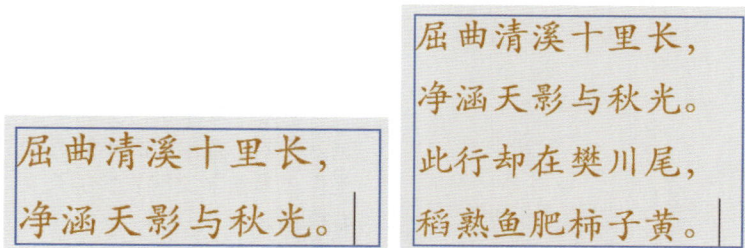

图 4-31　设置"自动高度"选项

> **提示**
>
> 为段落文本设置"自动高度"选项后，在文本框中输入文本时，文本框将自动跟随文本内容的长度进行换行操作，换行时文本框宽度不变。用户创建文本框后，默认启用此选项。

### 3. 固定大小

为段落文本应用"固定大小"选项后，当用户调整文本框的宽度和高度时，文本将跟随文本框的大小进行自动换行操作。将光标移至选中文本框的任一边线中间的圆形手柄上，按下鼠标左键并拖曳，可调整文本框的大小。

如果文本框的大小不足以容纳所有文本，文本框的底部边线会出现红色手柄，作用是提示有溢出内容，效果如图 4-32 所示。双击红色手柄可以快速调整文本框的大小以显示全部的文本内容，如图 4-33 所示。

图 4-32　溢出内容提示

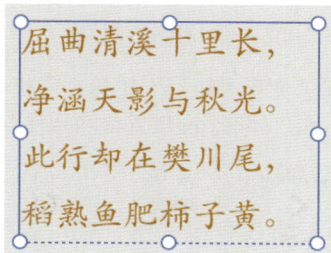

图 4-33　显示全部文本内容

## 4.2.4　应用案例——设计制作购物 App 原型上新部分

源文件：源文件 / 第 4 章 / 设计制作购物 App 原型上新部分 .xd

操作视频：视频 / 第 4 章 / 设计制作购物 App 原型上新部分 .mp4

**Step 01** 打开"素材 / 第 4 章 /401.xd"和"402.xd"文件，复制"402.xd"文件中的所有内容到"401.xd"文件中，制作状态栏效果如图 4-34 所示。

图 4-34　制作状态栏　　　图 4-35　制作导航栏

**Step 02** 使用"钢笔"工具、"椭圆"工具和"文本"工具完成页面导航栏的制作，效果如图 4-35 所示。

**Step 03** 单击工具箱中的"文本"工具按钮，设置"属性"面板中的文本参数，如图 4-36 所示。在画板中的导航栏下方输入文本，如图 4-37 所示。

**Step 04** 继续使用"文本"工具在右侧输入文本，效果如图 4-38 所示。使用"钢笔"工具绘制文字右侧的箭头，效果如图 4-39 所示。

图 4-36　设置文本参数

图 4-37　输入文本

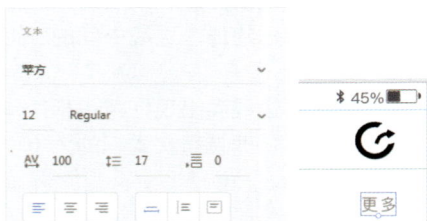

图 4-38　输入右侧文本

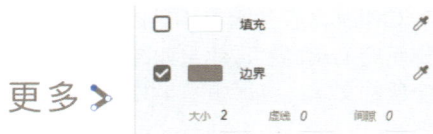

图 4-39　绘制文字右侧的箭头

**Step 05** 使用"矩形"工具在画板中绘制两个矩形，效果如图 4-40 所示。分别将"衬衫 .jpg"和"外套 .jpg"素材图片拖曳到矩形上，效果如图 4-41 所示。

图 4-40　绘制矩形

图 4-41　拖曳素材图片到矩形上

**Step 06** 使用"文本"工具在左侧图片下方输入文本，如图 4-42 所示。使用"矩形"工具在文本下方绘制一个"填充"颜色为 #FA8E3D，"圆角半径"为 14px，尺寸为

68px×26px 的矩形，如图 4-43 所示。

图 4-42　输入文字

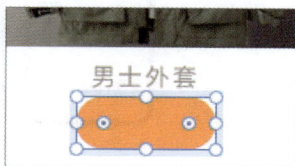

图 4-43　绘制圆角矩形

**Step 07** 继续使用"文本"工具在圆角矩形上输入文字，效果如图 4-44 所示。使用相同的方法，继续制作右侧图片下方的内容，完成原型上新部分的制作，效果如图 4-45 所示。

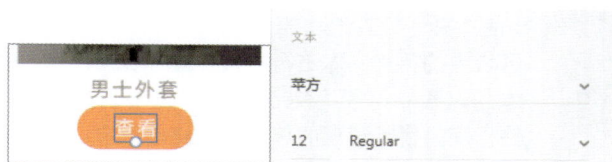

图 4-44　导入素材图片

图 4-45　输入文本并绘制按钮

**知识链接：移动端原型设计的分类**

移动端原型设计可以分为低保真原型和高保真原型。

低保真原型就是验证交互想法的粗略展现，不用太过精细，因为在这个阶段会有很多更改，需要不断评审和讨论，最好就是纸和笔手绘，也可以使用 Axure RP 或 Sketch 制作简单的草图，还可以使用 Adobe XD 制作带有简单交互的草图，如图 4-46 所示。

图 4-46　低保真原型

高保真原型则要将详细的页面控件、布局、内容、操作指示、转场动画和异常情况等内容都清晰地展现出来，为视觉和开发提供详细参考，如图 4-47 所示。

图 4-47　高保真原型

高保真原型可以显著降低沟通成本，其具体内容需要结合团队习惯和时间，有的团队会无限接近视觉设计图，模拟真实的产品交互操作；有的则还是以黑白灰为主，只把交互细节都展现出来，特别需要颜色体现交互的地方才添加一些颜色提示。

### 4.2.5　拼写检查

在 Adobe XD 中，使用"拼写检查"命令可以对当前文本中的英文单词拼写进行检查，确保单词拼写正确。

执行"编辑＞打开拼写检查"命令，使"拼写检查"功能为启用状态，即可对工作区域中的英文文本进行拼写检查。在用户输入文本的过程中，拼写错误的单词将出现红色下画线，同时拼写错误的单词旁边将出现自动更正的单词，如图 4-48 所示。如果是语法错误，则以绿色下画线突出显示。

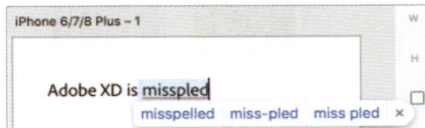

图 4-48　拼写错误

**提示**

在拼写错误的单词上方右击，在弹出的快捷菜单中选择用户需要的准确拼写，即可将错误拼写更正为正确拼写。按【Ctrl+Z】组合键可以将更正的拼写恢复为用户最初输入的单词。

## 4.3　形状蒙版

使用蒙版可以隐藏图像或对象中的多余部分，方便用户在浏览 App 界面时更加专注于设计中的特定元素。接下来将讲解如何为对象和图片添加蒙版。

在 Adobe XD 的工作区域中导入一张素材图像，然后在图像上创建一个圆角矩形对象，如图 4-49 所示。同时选中素材图像和矩形，执行"对象＞带有形状的蒙版"命令或按【Shift+Ctrl+M】组合键，对象外部的图像将被遮罩，效果如图 4-50 所示。

**提示**

当用户需要遮罩某些内容时，例如配置文件头像或模拟黑暗模式等，执行"带有形状的蒙版"命令是非常有用的操作。

图 4-49　导入素材图像并创建矩形

图 4-50　为对象和图像添加蒙版

　　用户如果想要编辑蒙版形状中的内容，可以双击蒙版形状，被遮罩的图片区域将以半透明的方式显示，如图 4-51 所示。此时，用户可以移动、旋转和缩放图像，以调整图像的显示内容。

　　如果想要禁用或删除遮罩，需要选择蒙版形状，然后右击，在弹出的快捷菜单中选择"取消蒙版编组"命令或按【Shift+Ctrl+G】组合键，如图 4-52 所示，都可以将蒙版形状恢复为独立的对象和图像。

图 4-51　显示被遮罩区域

图 4-52　选择"取消蒙版编组"命令

**提示**

　　Adobe XD 不能遮罩形状、组件和符号上的文本等内容，同时，Adobe XD 也不支持 Alpha 形状蒙版或具有不透明性的形状蒙版。

## 4.4　重复网格

　　在 Adobe XD 中，使用"重复网格"选项可以将选中的对象合成为一个重复元素，然后向任意方向拖曳，可以创建任意数量的重复元素。这一选项对于拥有大量重复元素和内容列表的移动 App 原型来说，是非常便利和实用的工具。

### 4.4.1　创建重复网格

　　在 Adobe XD 的工作区域中，使用"选择"工具拖曳选中图片、图形和文本等想要重复的元素，如图 4-53 所示。单击"属性"面板中的"重复网格"按钮，创建重复网格，如图 4-54 所示。

图 4-53　选中多个元素

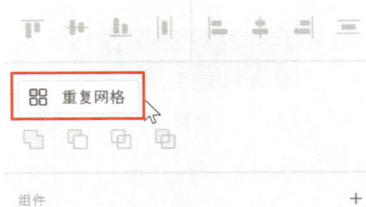

图 4-54　单击"重复网格"按钮

将选中元素设定为重复网格后，网格的右侧和下方将显示一个绿色的方框，如图 4-55 所示。将光标移动到绿色方框上，按下鼠标左键向右侧或下方拖曳，即可创建多个重复元素，如图 4-56 所示。

图 4-55　场景重复网格

图 4-56　创建重复元素

## 4.4.2　编辑重复网格

将光标悬停在元素之间的间距上。当光标变为双箭头时，可拖动来增加或减少空白区域，如图 4-57 所示。

按住【Ctrl】键的同时单击重复网格中的文本对象，即可将其选中。如果需要编辑文本元素，可通过双击文本对象实现，如图 4-58 所示。

图 4-57　调整元素间距

图 4-58　编辑文本元素

对内容的更改不会应用于重复网格中的其他文本对象。但是，应用于文本对象的任何样式都将应用于所有的文本对象。

**提示**

修改重复元素的任意样式时，所做的更改都会复制到网格的所有元素中。如果用户更改了其中一个元素的图像大小，则网格中的所有图像都会自动调整大小。

### 4.4.3　应用案例——更新重复网格中的文本和图片

源文件：源文件 / 第 4 章 / 更新重复网格中的文本和图片 .xd
操作视频：视频 / 第 4 章 / 更新重复网格中的文本和图片 .mp4

**Step 01** 打开"素材 / 第 4 章 /403.xd"文件，页面效果如图 4-59 所示。创建一个扩展名为 .txt 的文本文件，在文件内输入文本并按【Enter】键将每行数据分隔开，然后进行保存，如图 4-60 所示。

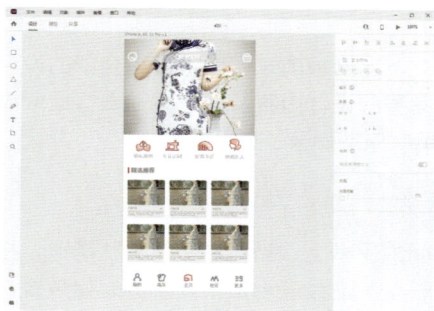

图 4-59　打开素材文件

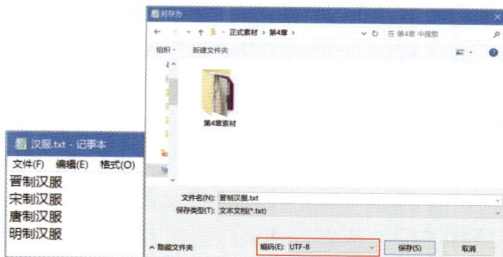

图 4-60　创建文本文件并保存

**Step 02** 将文本文件拖曳到重复网格中的某个文本上，如图 4-61 所示。文本文件中的文本将按照顺序填充重复网格。如果网格数多于文件中的文本行，则该顺序将重复，如图 4-62 所示。

图 4-61　将文本文件拖曳到文本上

图 4-62　按文本顺序填充重复网格

**Step 03** 如需替换网格中的图像，可以打开文件资源管理器，选择要在网格中显示的所有图像，如图 4-63 所示。

**Step 04** 将它们拖放至重复网格中的目标对象上，旧图像将被替换为自动调整大小的新图像，如图 4-64 所示。

图 4-63　选择所有图像

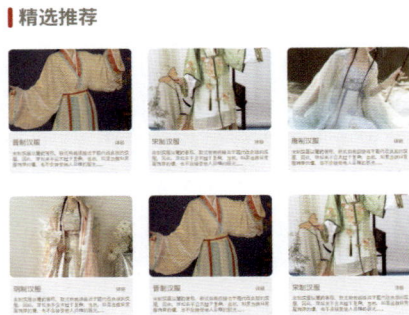

图 4-64　替换网格中的图像

## 4.5　设置滚动

在使用 Adobe XD 制作移动 App 原型的过程中，当画板的长度无法容纳全部的设计内容时，可以通过创建滚动画板和滚动组来放置完整的设计内容，同时滚动画板或滚动组也可以适应不同的设备尺寸，为设计制作移动 App 原型带来了极大便利。

### 4.5.1　创建垂直滚动

选中预设画板，将光标移至画板底部边线中间的手柄上，当光标变为 ↕ 状态时，按下鼠标左键并拖曳，使画板长度超过画板的预设长度。虚线表示滚动内容的起始位置，如图 4-65 所示。

选中自定尺寸的画板，然后单击"属性"面板中的"滚动"选项，在打开的下拉列表框中选择"垂直"选项，如图 4-66 所示。选择完成后，用户也可以为自定尺寸的画板创建垂直滚动范围。

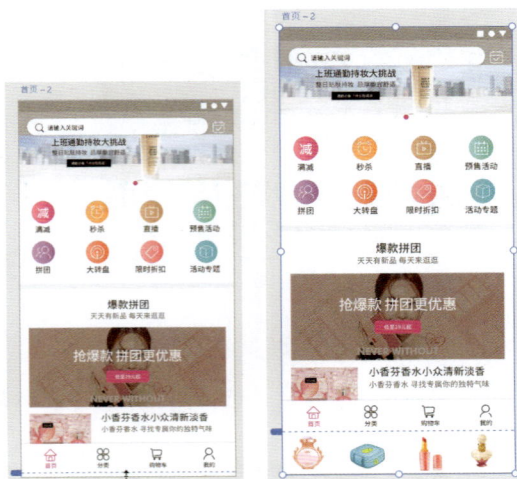

图 4-65　为预设画板创建垂直滚动

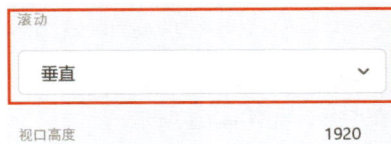

图 4-66　选择"垂直"选项

知识链接：创建垂直滚动的相关操作

为画板创建垂直滚动后，可在"属性"面板的"视区高度"文本框中输入具体数值，指定该画板预览时的视区高度。

用户还可以选中移动端原型设计中的某个元素，在"属性"面板中选择"滚动时固定位置"复选框，预览带有垂直滚动的移动端原型设计时，该元素将固定在界面的某个位置，不会随内容一起滚动。

## 4.5.2　创建滚动组

在 Adobe XD 中，除了可以制作滚动画板扩展移动 App 的界面空间，用户还可以通过创建独立于画板中其余内容的滚动组，来扩展移动 App 的界面空间。

用户可以通过"属性"面板中的"滚动组"按钮，如图 4-67 所示，在画板中定义独立于画板其余内容的滚动区域，实现水平或垂直的滚动效果。

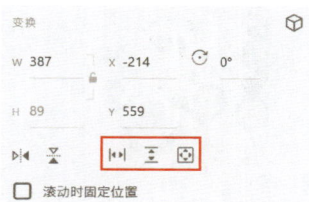

### 1. 滚动组

图 4-67　"滚动组"按钮

选中想要添加滚动组效果的对象、文字和图像等元素，如图 4-68 所示。单击"属性"面板中的"滚动组"按钮或按【Shift+Alt+H】组合键，即可为选中的元素添加滚动组效果，此时添加的滚动组沿水平方向进行变换。

将光标移至滚动组左右边线的中间位置，按下鼠标左键并拖曳，可以调整滚动组的范围，如图 4-69 所示。设置完成后，可以预览滚动组效果，如图 4-70 所示。

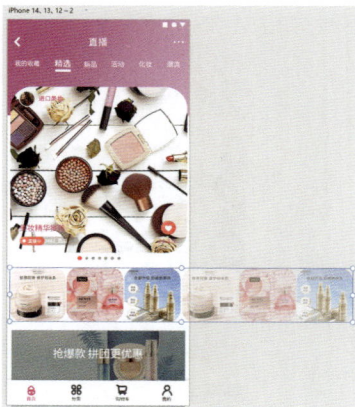

图 4-68　选中元素　　　　图 4-69　调整滚动组范围　　　图 4-70　预览滚动组效果

**提示**

当移动端原型设计中包含的是可滚动的下拉列表框或内容元素时，需要创建垂直滚动帮助原型模拟滚动效果。当移动端原型设计包含的是多面板、地图和水平图库时，需要创建滚动组为 App 原型添加新的交互级别。

### 2. 垂直滚动

选中想要添加垂直滚动效果的对象、文字和图像等元素，如图 4-71 所示。单击"属性"面板中的"垂直滚动"按钮或按【Shift+Alt+V】组合键，即可为选中的元素添加垂直滚动效果，此时添加的滚动效果沿垂直方向进行变换。

将光标移至垂直滚动元素上下边线的中间位置，按下鼠标左键并拖曳，可以调整垂直滚动的范围，如图 4-72 所示。设置完成后，可以预览垂直滚动效果，如图 4-73 所示。

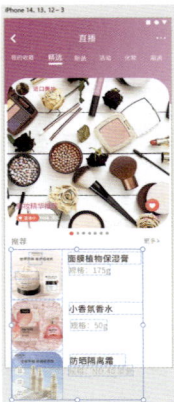

图 4-71　选中元素　　　　图 4-72　调整滚动范围　　　　图 4-73　预览垂直滚动效果

### 3. 水平和垂直滚动

选中对象、文字或图像等元素后，单击"属性"面板中的"水平和垂直滚动"按钮或按【Shift+Alt+D】组合键，如图 4-74 所示，选中的元素即可沿各个方向进行滚动操作。

拖曳水平和垂直滚动元素任意边线中间的矩形手柄，即可调整水平和垂直滚动元素的滚动范围。调整完成后，可以预览水平和垂直滚动效果，如图 4-75 所示。

图 4-74　选中元素并创建水平和垂直滚动　　　　图 4-75　预览水平和垂直滚动效果

> **提示**
>
> 可以使用"水平和垂直滚动"效果为移动 App 原型创建交互式地图或购物界面的商品主图。

### 4.5.3　应用案例——设计制作购物 App 原型推荐部分

源文件：源文件 / 第 4 章 / 设计制作购物 App 原型推荐部分 .xd
操作视频：视频 / 第 4 章 / 设计制作购物 App 原型推荐部分 .mp4

**Step01** 打开"素材 / 第 4 章 /404.xd"文件，为画板创建左右边距为 12px 的辅助线，如图 4-76 所示。使用"矩形"工具在画板中绘制一个"填充"颜色为 #EEEEEE，尺寸为 375px×10px 的矩形，效果如图 4-77 所示。

图 4-76　创建边距辅助线

图 4-77　绘制矩形对象

**Step02** 复制上新部分的标题文本，修改文字内容，效果如图 4-78 所示。使用"矩形"工具在画板中绘制一个尺寸 120px×120px 的矩形，效果如图 4-79 所示。

图 4-78　复制并修改标题文本

图 4-79　绘制矩形图形

**Step03** 将"皮衣 .jpg"和"夹克 .jpg"素材图片拖曳到矩形上，效果如图 4-80 所示。使用"文本"工具在图片右侧输入如图 4-81 所示的文本内容。

图 4-80　拖曳素材图片到矩形上

图 4-81　输入文本内容

**Step04** 复制产品文字内容到下方图片右侧并修改文字内容，效果如图 4-82 所示。拖曳选中顶部产品内容，按【Ctrl+G】组合键将对象编组，如图 4-83 所示。

图 4-82　复制并修改文字内容

图 4-83　编组顶部产品内容

**Step 05** 使用相同的方法将下方产品内容编组，选中两个产品组，如图 4-84 所示。单击属性栏中的"垂直滚动"按钮，调整滚动组的范围，如图 4-85 所示。

图 4-84　选中产品组

图 4-85　创建垂直滚动并调整范围

**Step 06** 使用"矩形"工具在底部标签栏上绘制 5 个尺寸为 28px×28px 的矩形，水平对齐与分布效果如图 4-86 所示。将素材图片依次拖曳到矩形上，效果如图 4-87 所示。

图 4-86　绘制矩形

图 4-87　拖曳图片素材到矩形上

**Step 07** 使用"文本"工具在图标下方输入文字，效果如图 4-88 所示。复制文字对象并修改文字内容，完成购物页面原型制作，效果如图 4-89 所示。

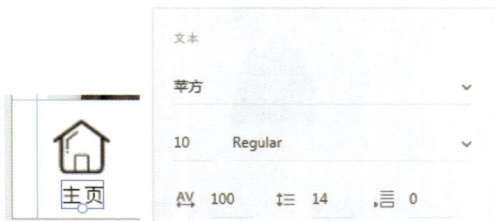

图 4-88　输入文字内容

图 4-89　购物页面原型效果

**知识链接：iOS 系统 UI 设计的全局边距**

了解了 iOS 系统的组件尺寸后，还应对界面中的全局边距进行设置。全局边距是指页面内容到屏幕边缘的距离，整个应用的界面都应该以此来进行规范，以达到页面整体视觉效果的统一。全局边距的设置可以更好地引导用户垂直向下浏览。图 4-90 所示为淘宝 App 全局边距。

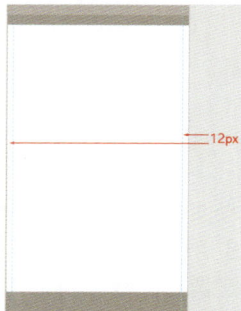

常用的全局边距有 32px、30px、24px、20px 和 12px 等。本案例的全局边距为 12px，如图 4-91 所示。

图 4-90　淘宝 App 全局边距

图 4-91　本案例的全局边距

## 4.6　设置版面

当针对如今的多设备环境进行设计时，务必要考虑移动设备、平板电脑和桌面解决方案所使用的各种屏幕尺寸。由于设计师使用的设备各异，设计人员需要考虑所设计的内容如何适应多种屏幕尺寸。

### 4.6.1　使用响应式调整大小

利用响应式调整大小功能，Adobe XD 将自动预测用户可能应用的约束并在对象被调整大小后自动应用这些约束。

**提示**

习惯上，要实现类似响应的行为，设计人员必须手动将约束应用于多个对象，以便在调整大小后指定对象行为。这种单调且耗时的方法更侧重于猜测和重复性动作，从而使设计的创造性火花失去光彩。

默认情况下，"响应式调整大小"功能对画板关闭，如图 4-92 所示。用户可以将它打开以启用"响应式调整大小"功能，如图 4-93 所示。

图 4-92　关闭响应式调整大小

图 4-93　启用"响应式调整大小"功能

选择要调整大小的画板，在"属性"面板中开启"响应式调整大小"按钮，将光标移动到画板边框右侧的控制点上，当光标变成 ←‖→ 状态时，如图 4-94 所示。按下鼠标左键并拖曳，可以调整画板大小，如图 4-95 所示。

图 4-94　移动光标到控制点上

图 4-95　响应式调整画板大小

当调整画板时，被调整大小的对象上会出现粉色十字线。这些十字线表示哪些约束规则应用于组，如图 4-96 所示。

在调整画板大小之前，用户可以将功能相同的对象分组，从而在它们之间建立关系。默认情况下，Adobe XD 会将已分组的对象保留到一起，调整大小后，已分组的对象将聚在一起，如图 4-97 所示。

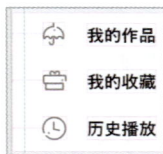

图 4-96　粉色十字线

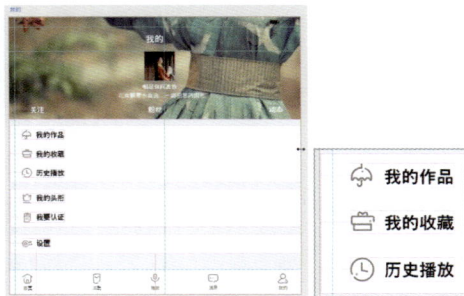

图 4-97　将功能相同的对象分组

## 4.6.2　手动编辑约束

如果对画板中某个对象响应式调整大小的结果不满意，可以通过手动编辑约束规则。选中画板中对调整结果不满意的对象，默认情况下，Adobe XD 采用"自动"约束规则，如图 4-98 所示。单击"手动"按钮，即可手动编辑响应式调整大小已在对象上放置的约束，如图 4-99 所示。手动约束始终覆盖由 Adobe XD 放置的自动约束。

图 4-98　默认为"自动"约束

图 4-99　"手动"约束

**提示**

通过放置手动约束，用户可以明确判断在使用对象中的图层调整组件、画板或组的大小时，对象的行为方式。用户可以使用以下约束来制定规则并控制各种组件的行为。

激活"固定宽度"▬或"固定高度"按钮▌，选中对象的宽度或高度在调整画板大小时将保持不变，如图 4-100 所示。

图 4-100　调整画板大小时对象宽度和高度保持不变

激活"固定左侧"├、"固定右侧"┤、"固定顶部"┬或"固定底部"┴按钮，选中对象对应的部分在调整画板大小时位置将保持不变。图 4-101 所示为手动约束用户头像固定右侧的页面调整对比效果。

图 4-101　手动约束用户头像固定右侧的页面调整对比效果

拖曳画板响应式调整大小时，按住【Shift】键可以临时覆盖响应行为。在调整大小时，可以从一个角选择手柄拉动，以锁定组的宽高比。

### 4.6.3　应用案例——调整页面适配平板设备

源文件：源文件 / 第 4 章 / 调整页面适配平板设备 .xd
操作视频：视频 / 第 4 章 / 调整页面适配平板设备 .mp4

**Step01** 打开"素材 / 第 4 章 /405.xd"文件，如图 4-102 所示。将光标移动到画板名称处，按住【Alt】键的同时使用"选择"工具拖曳复制一个画板，如图 4-103 所示。

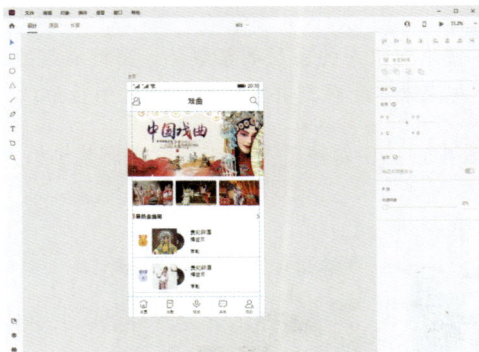

图 4-102　打开素材文件

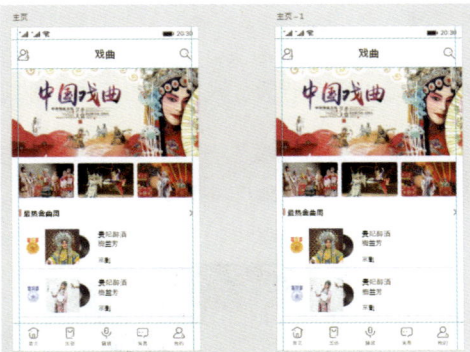

图 4-103　复制画板

**Step 02** 单击画板名称将画板选中，在"属性"面板的"版面"选项中启用"响应式调整大小"功能，如图 4-104 所示。

**Step 03** 选中顶部图片，单击"属性"面板中的"手动"按钮，取消"固定宽度"和"固定高度"，如图 4-105 所示。

图 4-104　启用"响应式调整大小"功能

图 4-105　手动编辑约束

**Step 04** 取消选择图片，选中画板，将光标移动到画板右下角的控制点上，按下鼠标左键向右拖曳，调整画板大小为 2200px×1440px，如图 4-106 所示。

**Step 05** 选中画板中的元素，适当调整大小和位置，完成后的效果如图 4-107 所示。

图 4-106　响应式调整大小

图 4-107　优化页面元素大小及位置

## 4.7　总结拓展

　　制作互联网产品原型是产品开发过程中不可或缺的一环，它不仅有助于明确需求和目标，降低沟通成本，提升开发效率，还可以增强用户参与感，便于展示和说服，降低开发风险。

### 1. 本章小结

　　通过本章的学习，读者应掌握 Adobe XD 制作产品原型的方法和流程，能够熟练掌握创建和管理文本的方法，创建形状蒙版的方法，重复网格的使用方法，设置滚动的方法，以及设置版面的方法等。将所学的内容应用到互联网产品的原型制作中，充分展示策划意图和产品功能，为后期互联网产品的开发打下基础。

### 2. 拓展案例——设计制作京剧 App 界面原型

　　参考本章所学内容，尝试设计制作一款推广京剧的 App 界面原型。在充分考虑主题风格的同

图 4-108　京剧 App 界面原型

时，尝试使用形状蒙版、重复网格和设置滚动等功能，参考界面如图 4-108 所示。

## 4.8　课后测试

　　完成本章内容学习后，接下来通过几道课后习题，测验一下读者学习 Adobe XD 设计制作产品原型的学习效果，同时加深对所学知识的理解。

### 一、选择题

1. HarmonyOS 系统中，默认的字体为（　　）。

　　A. 苹方　　　　　　　B. Roboto　　　　　C. HarmonyOS Sans　　　D. 思源美黑

2. 下列选项中，不能被形状蒙版遮罩的是（　　）。

　　A. 文本　　　　　　　B. 图片　　　　　　C. 形状　　　　　　　　　D. 组件

3. 下列选项中，不属于滚动组内容的是（　　）。

　　A. 垂直滚动　　　　　B. 水平滚动　　　　C. 水平和垂直滚动　　　　D. 顶部滚动

4. 当调整画板时，被调整大小的对象上会出现（　　）十字线。这些十字线表示哪些约束规则应用于组。

　　A. 红色　　　　　　　B. 蓝色　　　　　　C. 粉色　　　　　　　　　D. 黄色

5. 拖曳画板响应式调整大小时，按住键盘上（　　）键可以临时覆盖响应行为。

　　A. Ctrl　　　　　　　B. Alt　　　　　　　C. Shift　　　　　　　　　D. Esc

### 二、判断题

1. 在输入段落文本时，文字会基于文本框的大小自动换行，因此，在处理大量文本内容时，建议使用点文本完成。（　　）

2. 使用"拼写检查"命令可以对选中的所有文本拼写进行检查，确保拼写正确。
（　　）

3. 修改重复元素的任意样式时，所做的更改都会复制到网格的所有元素中。
（　　）

4. 在调整画板大小之前，用户可以将功能相同的对象分组，从而在它们之间建立关系。（　　）

5. 通过放置手动约束，用户可以明确判断在使用对象中的图层调整组件、画板或组的大小时，对象的行为方式。（　　）

三、创新题

根据本章前面所学习和了解到的知识，设计制作一款运行在 Andriod 系统的武术 App 原型，具体要求和规范如下：

- 内容 / 题材 / 形式。

以推广传统武术为题材，为用户提供专业的武术教学、武术知识、相关资讯和武术比赛报名的 App 产品。

- 设计要求。

以展示传统武术为主要目的，界面粗犷大方，结构大胆创新，并符合武术主题风格及 Android 系统规范要求。

在设计制作互联网产品 UI 时，会用到大量的相同或相似元素。通过添加、管理和使用库资源，能够提高工作效率，降低制作难度，方便用户快速完成 UI 页面的制作。同时，本章还针对图层、效果和混合模式、3D 变换等进行讲解，帮助读者进一步掌握设计制作产品 UI 的方法和技巧。

### 知识目标

- 掌握库资源的添加、应用、管理和编辑方法。
- 掌握"图层"面板的使用方法和技巧。

### 能力目标

- 能够熟练使用库资源制作移动 UI。
- 能够使用效果和混合模式美化 UI 元素。

### 素质目标

- 了解 UI 设计师的工作内容和流程，学生能够在团队中发挥自己的作用。
- 鼓励学生发挥创意，提供独特、创新的设计方案，满足用户需求和产品定位。

## 5.1 创建库资源

用户可以通过 Adobe XD 使设计系统的创建和维护变得更加灵活、流畅且直观。下面将为用户讲解如何创建设计系统。

### 5.1.1 添加颜色资源

在 Adobe XD 的工作区域中选择一个或一组设置了填充颜色的对象，执行"对象 > 为资源添加颜色"命令或按【Shift+Ctrl+C】组合键，如图 5-1 所示，即可将选中对象的"填充"颜色和"边界"颜色添加到"库"面板的"颜色"分组中，如图 5-2 所示。

用户也可以在工作区域中选中一个对象或一组对象后，单击"库"面板中"颜色"分组旁边的"添加所选颜色"按钮 +，如图 5-3 所示，即可将对象所填充的纯色和渐变颜色添加到"库"面板中，如图 5-4 所示。

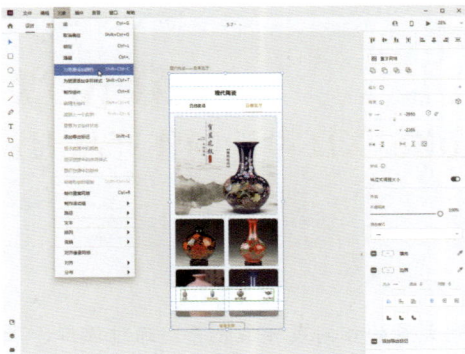

图 5-1　选中对象并执行命令

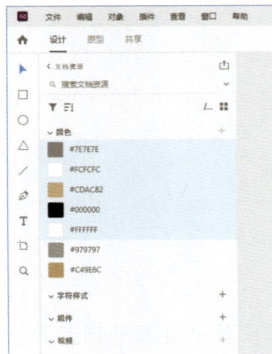

图 5-2　添加"颜色"资源 1

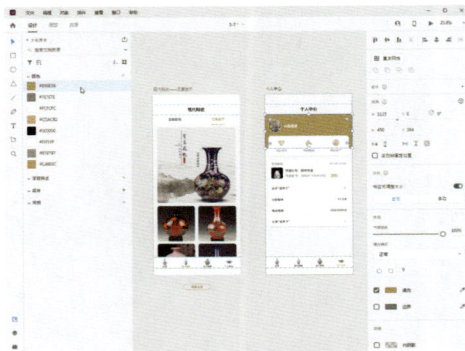

图 5-3　单击"添加所选颜色"按钮

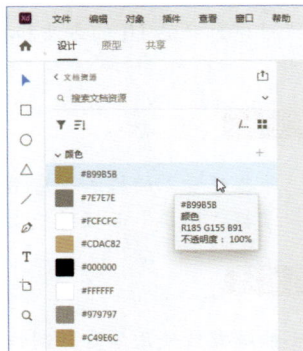

图 5-4　添加"颜色"资源 2

　　在"颜色"选项上右击，在弹出的快捷菜单中选择"创建子组"命令，为新建的颜色组设定名称后，即可完成子组的创建，如图 5-5 所示。将颜色拖曳到该颜色组中，完成颜色资源的分组操作，如图 5-6 所示。

图 5-5　创建子组

图 5-6　颜色资源分组

　　选中一个颜色资源并右击，在弹出的快捷菜单中选择"从元素新建组"命令，即可新建一个组用于放置选中资源，如图 5-7 所示。同时选中多个颜色资源，右击，在弹出的快捷菜单中选择"从所选对象新建组"命令，即可新建一个组用于放置选择的资源，如图 5-8 所示。

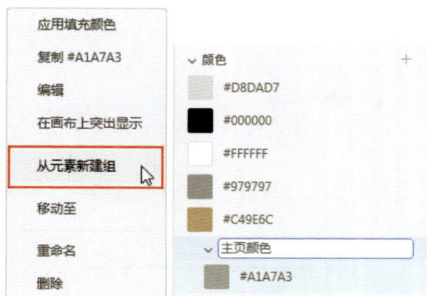

图 5-7　从元素新建组　　　　　　　　图 5-8　从所选对象新建组

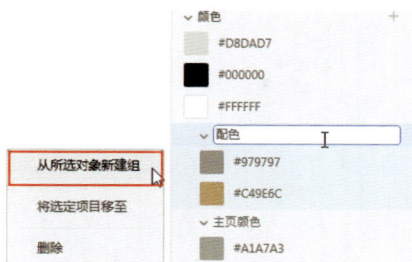

## 5.1.2　添加字符样式资源

在工作区域中选择文本或文本框，单击"库"面板中的"字符样式"分组旁边的"添加所选字符样式"按钮✚或按【Shift+Ctrl+T】组合键，如图 5-9 所示，即可将所选文本应用的字符样式添加到"库"面板的"字符样式"分组中，如图 5-10 所示。

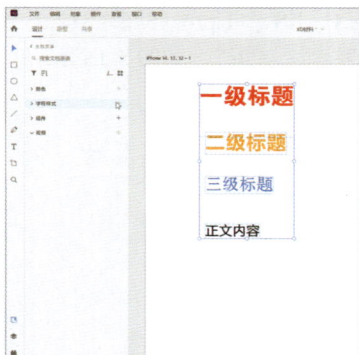

图 5-9　单击"添加所选字符样式"按钮　　　图 5-10　添加"字符样式"资源

**提示**

用户也可以执行"对象 > 为资源添加字符样式"命令，将选中文本所应用的字符样式添加到资源库中。

## 5.1.3　添加组件资源

在工作区域中选择多个或一组对象，执行"对象 > 制作组件"命令或按【Ctrl+K】组合键，如图 5-11 所示，即可将所选对象添加到"库"面板的"组件"分组中，如图 5-12 所示。

用户还可以单击"库"面板中的"组件"分组旁边的"将所选内容制作组件"按钮✚，也可将所选对象添加为组件资源，如图 5-13 所示。此时画板中的组件称为"主组件"，其左上角显示为绿色实心菱形，如图 5-14 所示。

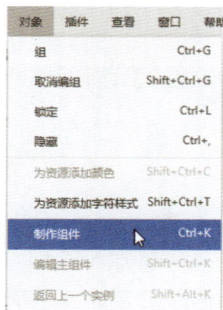

图 5-11　执行"添加组件"命令

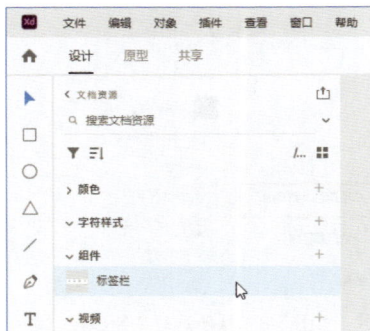

图 5-12 添加"组件"资源

图 5-13 将所选内容制作成组件

图 5-14 主组件显示绿色实心菱形

## 5.1.4 应用案例——创建 iOS 系统 UI 设计系统

源文件：源文件 / 第 5 章 / 创建 iOS 系统 UI 设计系统 .xd
操作视频：视频 / 第 5 章 / 创建 iOS 系统 UI 设计系统 .mp4

**Step 01** 启动 Adobe XD 软件，新建一个"iPhoneX、XS、11 pro（375×812）"文件，如图 5-15 所示。单击画板左上角位置，修改画板名称为"首页"，如图 5-16 所示。

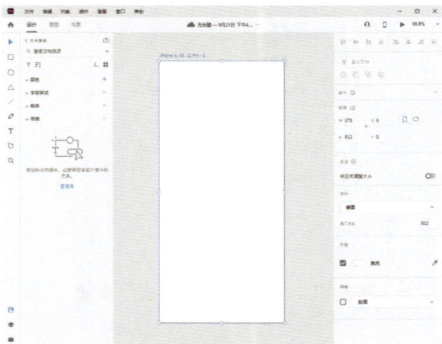

图 5-15 新建文件

图 5-16 修改画板名称

**Step 02** 使用"矩形"工具在画板顶部绘制一个高度为 20px、"填充"颜色为灰色的矩形，如图 5-17 所示。将"素材 / 第 5 章 / 状态栏 .png"素材导入到画板中并移动到如图 5-18 所示的位置。

图 5-17 绘制矩形

图 5-18 导入素材图片

**Step 03** 拖曳选中矩形和图片，按【Ctrl+K】组合键，将所选内容添加到"组件"库中并修改名称为"状态栏"，如图 5-19 所示。继续使用"矩形"工具绘制一个高度为 44px 的矩形，如图 5-20 所示。

图 5-19　创建组件

图 5-20　绘制矩形

**Step04** 使用"椭圆"工具和"矩形"工具绘制功能按钮和搜索框，效果如图 5-21 所示。拖曳选中矩形和原型，按【Ctrl+K】组合键，将所选内容添加到"组件"库中并修改名称为"导航栏"，如图 5-22 所示。

图 5-21　绘制导航栏元素

图 5-22　创建组件

**Step05** 继续使用"矩形"工具在画板底部绘制一个高度为 73.5px 的矩形，效果如图 5-23 所示。使用"矩形"工具在刚绘制的矩形上绘制 5 个 24px×24px 的矩形按钮，效果如图 5-24 所示。

图 5-23　绘制矩形

图 5-24　绘制矩形按钮

**Step06** 使用"文本"工具在标签栏上输入文本，效果如图 5-25 所示。选中文本，按【Shift+Ctrl+T】组合键创建字符样式，如图 5-26 所示。

图 5-25　输入文本

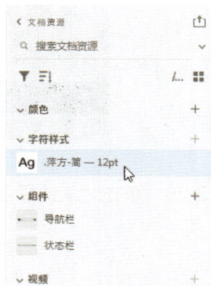

图 5-26　创建字符样式

**Step 07** 拖曳选中标签栏上的所有对象，按【Ctrl+K】组合键，将所选内容添加到"组件"库中并修改名称为"标签栏"，如图 5-27 所示。至此，完成了 iOS 系统 UI 设计系统的制作，如图 5-28 所示。

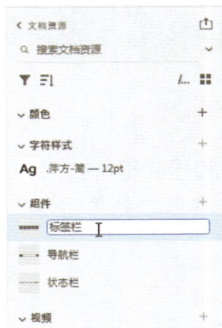

图 5-27　创建组件

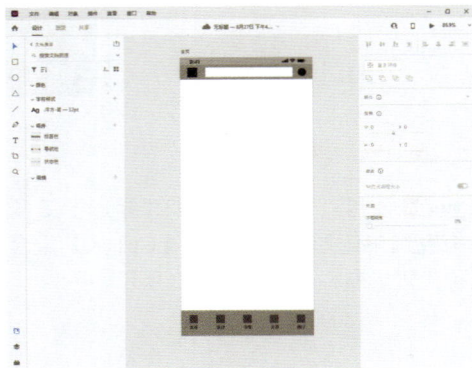

图 5-28　完成 UI 设计系统

> **提示**
>
> 设计系统可以为用户提供可重复使用的且一致、稳健的设计模式，这些设计模式不仅可以使用共同的可视语言将设计人员、开发人员和产品利益关联人员整合起来，同时，还可以减少 UI 设计中的重复工作，加快设计过程。

## 5.1.5　添加视频资源

选择画板中的视频，单击"库"面板"视频"选项右侧的"从选择中添加视频"按钮，如图 5-29 所示，即可将选中视频添加到"库"面板中的"视频"选项中。在视频名称处双击，可修改视频名称，如图 5-30 所示。

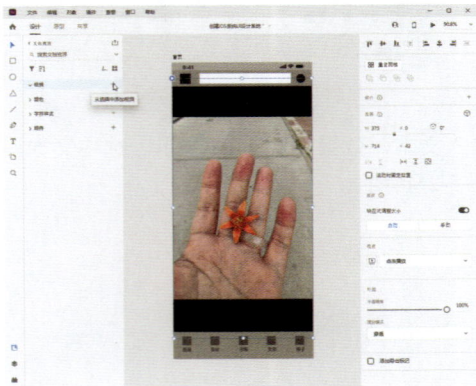

图 5-29　单击"从选择中添加视频"按钮

图 5-30　修改视频名称

> **提示**
>
> 将视频转换为组件时，视频会同时添加到"库"面板的"组件"和"视频"选项中。

## 5.2　应用库资源

通过应用库资源，可以快速完成 UI 页面的制作，在提高工作效率的同时，也便于后期对页面进行修改。

### 5.2.1　应用颜色资源

在工作区域中选中要应用资源的对象或对象组，如图 5-31 所示。单击"库"面板中的颜色选项，该颜色选项将作为填充颜色应用到对象上，如图 5-32 所示。

用户还可以在颜色选项上右击，在弹出的快捷菜单中选择"应用填充颜色"命令，如图 5-33 所示。颜色将作为填充颜色应用到选中对象上，如图 5-34 所示。

图 5-31　选中要应用资源的对象

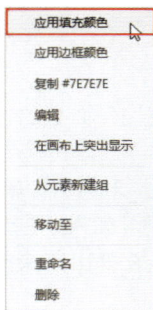

图 5-32　填充颜色应用到对象上　图 5-33　选择"应用填充颜色"命令　图 5-34　应用填充颜色

在快捷菜单中选择"应用边框颜色"命令，可将颜色资源应用到选中对象的边界上。需要注意的是，渐变颜色资源无法作为边框颜色应用到对象上。

> **提示**
>
> "字符样式"资源的应用方法与"颜色"资源的应用方法一致，此处不再赘述。

### 5.2.2　应用组件资源

在打开的"库"面板中，将光标移至组件资源选项上方，按下鼠标左键并将其拖曳到画板的任意位置，如图 5-35 所示。松开鼠标左键后，即可创建一个组件实例，其左上角显示为绿色空心菱形，如图 5-36 所示。

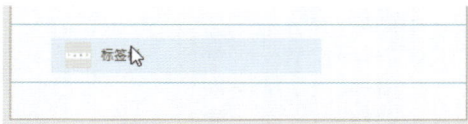

图 5-35　拖曳组件到工作区域　　　　图 5-36　创建组件实例

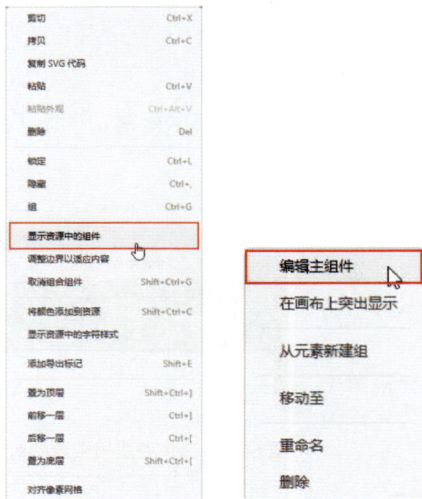

图 5-37　选择"显示资　图 5-38　选择"编辑主
源中的组件"命令　　　组件"命令

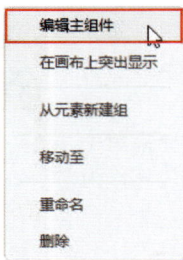

**提示**

创建的第一个组件通常被称为主组件；应用到画布中的组件被称为组件实例。

选中画板中的任意组件，右击，在弹出的快捷菜单中选择"显示资源中的组件"命令，如图 5-37 所示。此时在"库"面板的"组件"分组中，将显示选中组件实例的主组件。

在组件上右击，在弹出的快捷菜单中选择"编辑主组件"命令，如图 5-38 所示。即可在画板中将主组件显示出来。双击主组件，即可对组件进行各种编辑操作。编辑完成后，画板中的所有组件实例会同时发生变化。

当一个 UI 文件中包含多个组件实例时，单击选中任一组件实例，在"属性"面板的"组件"选项中可查看此组件为组件实例或主组件，如图 5-39 所示。

用户可以双击画板中的组件实例，对其各种属性进行编辑操作，Adobe XD 会为该属性添加"覆盖"标记，如图 5-40 所示。如果用户想要清除组件实例中的覆盖并恢复为主组件实例，可在该组件实例上右击，在弹出的快捷菜单中选择"重置为主组件状态"命令即可，如图 5-41 所示。

图 5-39　查看主组件和组件实例

图 5-40　添加覆盖标记

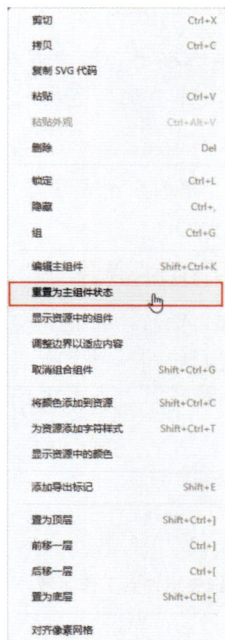

图 5-41　选择"重置为主组件状态"命令

　　用户创建组件并应用到移动 UI 设计过程中时，会出现需要覆盖组件实例的情况。表 5-1 所示为组件实例的覆盖类型及各个覆盖类型的适用场景。

表 5-1　组件实例的覆盖类型及适用场景

| 覆盖类型 | 使用场景 |
| --- | --- |
| 文本 | 在更改移动端 UI 设计中的按钮组件标签时，可以编辑组件实例中的文本内容 |
| 位图 | 在移动端 UI 设计中替换个人资料照片组件的图像时，可以替换组件实例中的位图内容 |
| 大小 | 在修改移动端 UI 设计中的表单文本字段的大小时，应用内边距和响应式调整大小的过程中，可以调整实例的大小 |
| 外观 | 在修改移动端 UI 设计的通知背景颜色时，可以修改填充颜色、边框和模糊等外观属性 |
| 布局和结构 | 在修改移动端 UI 设计中包含其他菜单条目的下拉菜单时，可以在组件实例中添加、删除和移动对象 |

　　如果要让组件实例与主组件脱离，可在该组件实例上右击，在弹出的快捷菜单中选择"取消组合组件"命令或按【Shift+Ctrl+G】组合键，如图 5-42 所示。该组件实例将被分离成单个对象，且不再随主组件的变化而变化，如图 5-43 所示。

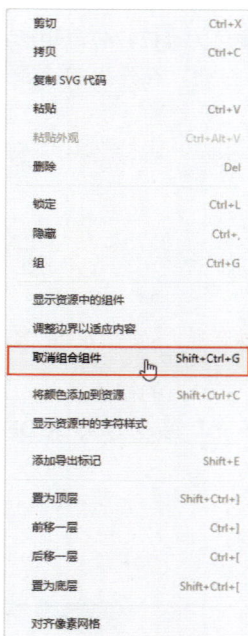

图 5-42　选择"取消组合组件"命令

图 5-43　组件实例分离成单个对象

## 5.2.3　应用案例——为 App 界面中的组件添加状态

源文件：源文件 / 第 5 章 / 为 App 界面中的组件添加状态 .xd
操作视频：视频 / 第 5 章 / 为 App 界面中的组件添加状态 .mp4

　　**Step 01** 打开"素材 / 第 5 章 /403.xd"文件，如图 5-44 所示。选中"查看"按钮，按【Ctrl+K】组合键，将按钮制作为组件并修改名称为"按钮"，如图 5-45 所示。

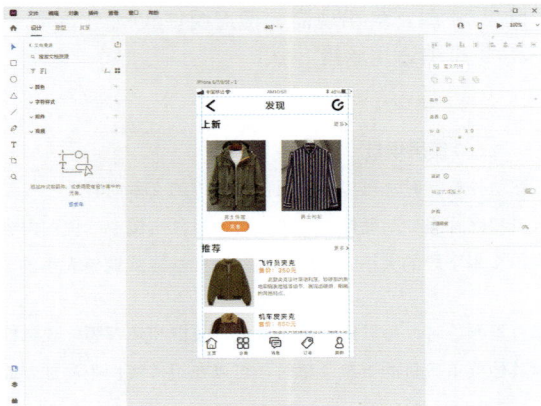

图 5-44　打开素材文件

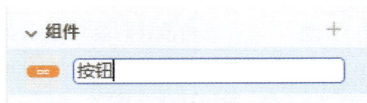

图 5-45　添加组件实例

**Step 02** 选中按钮组件，在"属性"面板的"组件（主）"选项中单击"默认状态"后的"添加状态"按钮 +，如图 5-46 所示，在弹出的快捷菜单中选择"悬停状态"命令，新建悬停状态，如图 5-47 所示。

**Step 03** 双击画布中的按钮，修改按钮文本"填充"颜色为 #474747，矩形"填充"颜色为 #FFC79D，效果如图 5-48 所示。单击"添加状态"按钮，在弹出的快捷菜单中选择"悬停状态"命令，如图 5-49 所示。

图 5-46　"添加状态"按钮

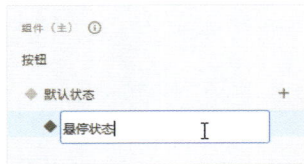

图 5-47　新建悬停状态 1

图 5-48　修改按钮状态

**Step 04** 选择"默认状态"，单击"添加状态"按钮，在弹出的快捷菜单中选择"切换状态"命令，如图 5-50 所示。双击按钮，修改矩形"填充"颜色为 #3DCDFA，效果如图 5-51 所示。

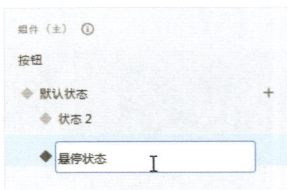

图 5-49　新建悬停状态 2

图 5-50　新建切换状态

图 5-51　修改矩形颜色

**Step 05** 选择"默认状态"，单击"添加状态"按钮，在弹出的快捷菜单中选择"新建状态"命令，新建"状态 2"，如图 5-52 所示。修改按钮文本内容和矩形颜色，效果如图 5-53 所示。

**Step 06** 选择"默认状态"，再次将"按钮"组件拖曳到画布如图 5-54 所示的位置。选择"状态 2"，效果如图 5-55 所示。

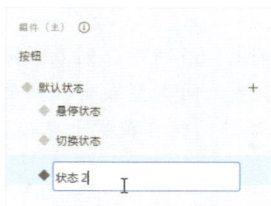

图 5-52　新建状态

图 5-53　按钮效果

图 5-54　更改主组件效果

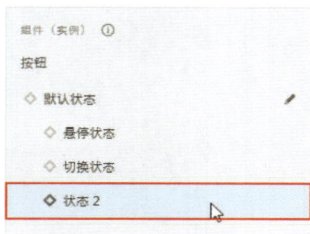

图 5-55　设置组件状态

**Step 07** 单击软件界面右上角的"桌面预览"按钮 ▶，页面预览效果如图 5-56 所示。将光标移动到左侧按钮上，悬停效果如图 5-57 所示。单击左侧按钮，切换效果如图 5-58 所示。

图 5-56　页面预览效果

图 5-57　悬停效果

图 5-58　切换效果

### 知识链接：移动端 UI 设计的布局方式

在一整套移动端 UI 设计中，页面数量往往比较多，为了给用户带来不一样的视觉体验，项目中的每一个页面基本都采用不同的布局方式。

● 瀑布流布局方式。

一般情况下，"购物"页面采用瀑布流布局方式，如图 5-59 所示。瀑布流布局方式有效降低了界面的复杂度，节省了空间，不再需要臃肿复杂的页面导航链接或者按钮；通过向上滑动进行页面滚动和数据加载，对操作的精准程度要求远远低于单击按钮或者链接；使用户能更好地专注于浏览而不是操作。

● 列表式布局方式。

大多数"我的"页面会采用列表式的布局方式，如图 5-60 所示。列表式布局通常采用竖排列表的形式，采用"图标＋文本"的形式，用于展示同类型或者并列的元素，通过上下滑动可以查看更多列表内容，用户可接受程度较高，同时在视觉上也较为规整。

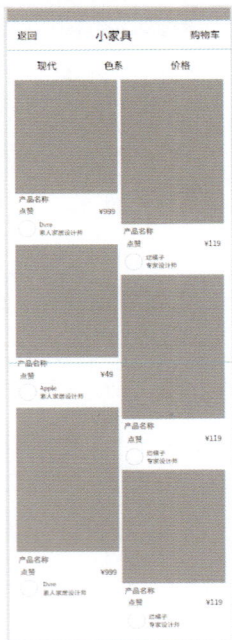

图 5-59　瀑布流布局方式

图 5-60　列表式布局方式

列表式布局可以使用户快速获取一定量的信息，以决定是否点击进入更深的层级进行深度浏览或操作；用户可以在多类信息中进行筛选和对比，自主高效选择自己想要的内容。

列表式布局信息展示的层级较为清晰，并且可以灵活通过不同形式进行展示。在展示主要信息的同时可以展示一定的次级信息，提醒及辅助用户理解。符合用户从上到下查看的视觉流程，排版也较为整齐，并且延展性强。

● 卡片式布局方式。

卡片式布局方式非常灵活，每张卡片的内容和形式都可以相互独立，互不干扰，可以在同一个页面中出现不同的卡片，承载不同的内容。由于每张卡片都是独立存在的，所以其信息量比列表式布局更加丰富。图 5-61 所示为采用了卡片布局方式的 App 页面。

卡片式布局能够直接展示页面中最重要的内容信息，分类位置固定，清楚当前所在入口位置，减少页面跳转层级，使浏览者轻松在各入口间频繁跳转。

● 宫格式布局方式。

宫格式布局通常采用一行三列的布局方式。这种布局方式非常有利于内容区域随手机屏幕分辨率不同而自动伸展宽高，方便适配所有的智能终端设备，同时也是 iOS 和 Android 开发人员比较容易编写的一种布局方式。图 5-62 所示为某款采用了宫格式布局方式的 App 页面。

　　宫格式布局是目前常见的一种布局方式，也是符合用户习惯和黄金比例的设计方式。这种信息内容展示方式简单明了，能够清晰展现各个入口，方便用户快速查询。

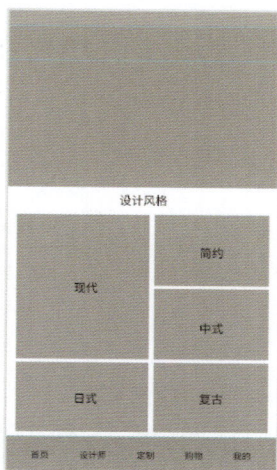

图 5-61　卡片式布局方式

图 5-62　宫格式布局方式

## 5.3　管理和编辑库资源

　　完成库资源的创建后，用户还可以在"库"面板中对各种资源进行管理和编辑，以创建符合制作需求的资源。

### 5.3.1　管理库资源

　　用户可以在"库"面板中完成搜索资源、筛选资源和排序资源等操作，选择树视图 /路径视图显示，以及更改视图排列方式。

#### 1. 搜索资源

　　当库中包含大量资源时，用户可在"库"面板顶部的搜索文本框中输入资源的名称，快速搜索文档资源，如图 5-63所示。单击文本框右侧的 按钮，可在打开的下拉列表框中选择搜索范围是"文档资源"还是"所有库"，如图 5-64 所示。

#### 2. 筛选资源

　　当用户只需要使用某一种资源

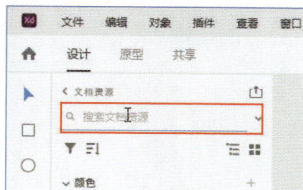

图 5-63　搜索文档资源

图 5-64　选择搜索范围

时，比如"颜色"资源，为了便于查找与使用，可单击搜索文本框下方左侧"筛选" 按钮，在打开的下拉列表框中选择"颜色"选项，如图 5-65 所示。筛选后的"库"面板中将只显示"颜色"资源，如图 5-66 所示。

　　用户还可在下拉列表框中选择"按类型筛选"和"按来源筛选"选项，如图 5-67 所示。选择"清除筛选器"选项，即可清除筛选操作，如图 5-68 所示。

图 5-65　选择筛选类型　　图 5-66　颜色筛选效果　　图 5-67　其他筛选　　图 5-68　选择"清除
选项　　　　　　筛选器"选项

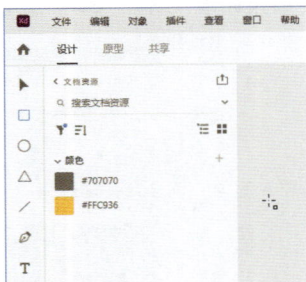

### 3. 排序资源

单击"筛选"图标右侧的"对选项排序"按钮 ≡↓，打开"排序依据"下拉列表框，默认情况下资源按照"自定义顺序"排序，如图 5-69 所示。用户可通过拖曳的方式调整资源的顺序，如图 5-70 所示。

选择"名称"选项，"库"面板中的资源将按照文件名称首字母顺序排列，如图 5-71 所示。

图 5-69　"自定义顺序"排序　　图 5-70　拖曳调整资源顺序　　图 5-71　按名称排序资源

### 4. 树视图 / 路径视图

当"库"面板中的资源包含多个组和子组时，默认情况下采用"树视图"显示，资源将按层次结构排列，如图 5-72 所示。单击"路径"按钮 ↳，资源将展平资源的路径视图，由正斜杠（/）分隔嵌套子组，如图 5-73 所示。单击"树"按钮 ≡，资源将切换到"路径视图"。

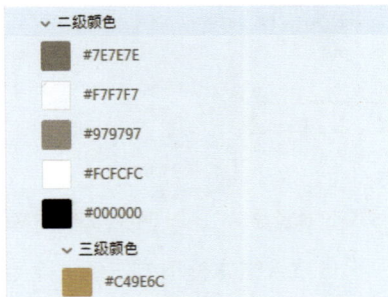

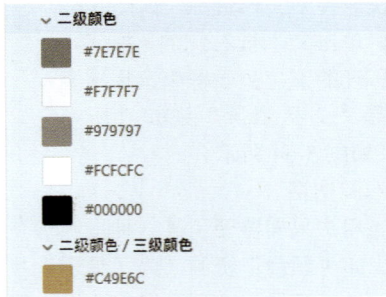

图 5-72　树视图　　　　　　　　图 5-73　路径视图

### 5. 视图排列方式

Adobe XD 为用户提供了"网格视图"和"列表视图"两种资源排列方式。默认情况下，"库"面板采用"列表视图"方式排列，如图 5-74 所示。

单击搜索文本框下方最右侧的"网格视图"按钮 ，图标变成"列表视图"按钮 ，资源将采用网格视图的方式排列，如图 5-75 所示。网格视图方式排列资源时，将不显示资源的名称。

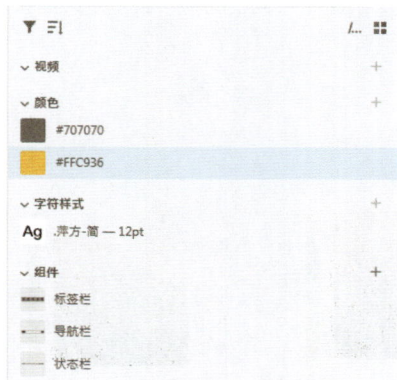

图 5-74　列表视图排列资源　　　　图 5-75　网格视图排列资源

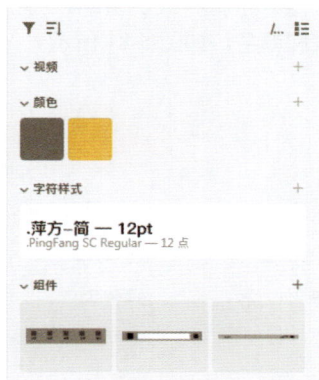

## 5.3.2　编辑库资源

用户可在"库"面板中对资源进行重命名、删除资源、编辑资源、在画布上突出显示、移动资源和查看详细信息等操作。

### 1. 重命名

将颜色或字符样式添加到"库"面板时，颜色资源的默认名称为颜色编码，字符样式的默认名称为"字体类型＋字号"，如图 5-76 所示。

将光标移至某一资源上并右击，在弹出的快捷菜单中选择"重命名"命令，如图 5-77 所示。为资源输入新名称后，在画板空白处单击或按【Enter】键，完成资源重命名操作。

图 5-76　资源的默认名称　　图 5-77　为资源重命名

> **提示**
>
> 当用户为某个组件重命名后，"图层"面板中的该组件也将应用更改后的组件名称。Adobe XD 允许用户为资源命名带有表情符号的名称。

**2. 删除资源**

选中"库"面板想要删除的资源，右击，在弹出的快捷菜单中选择"删除"命令，即可将选中的资源删除，如图 5-78 所示。

**3. 编辑资源**

在"库"面板中想要编辑的资源上右击，在弹出的快捷菜单中选择"编辑"命令，如图 5-79 所示。打开"拾色器"面板，如图 5-80 所示，用户可在其中重新设置颜色资源。如果是"字符样式"资源，将打开"文本编辑"面板，可为字符样式资源重新设置文本格式和颜色，如图 5-81 所示。

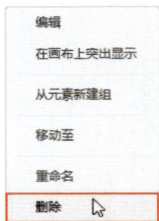

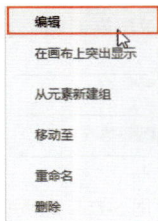

图 5-78　删除资源　图 5-79　编辑资源　图 5-80　"拾色器"面板　图 5-81　"文本编辑"面板

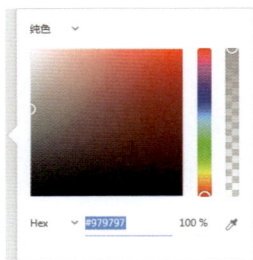

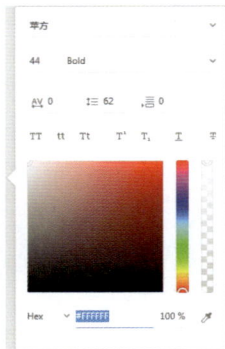

在"组件"资源上右击，在弹出的快捷菜单中选择"编辑主组件"命令，如图 5-82 所示。此时画板中的主组件将被选中，允许用户对其进行编辑操作，如图 5-83 所示。

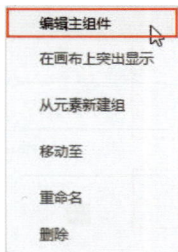

图 5-82　选择"编辑主组件"命令　　　　图 5-83　编辑画布中的主组件

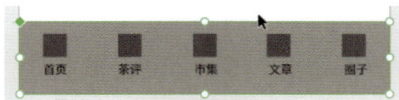

**4. 在画布上突出显示**

将光标移至资源上方并右击，在弹出的快捷菜单中选择"在画布上突出显示"命令，如图 5-84 所示。画板中应用该资源的对象、文本或组件实例将突出显示，如图 5-85 所示。

**知识链接：如何处理 Adobe XD 中的缺失字体**

用户在设计制作移动 App UI 项目时，可能会遇到在"库"面板中创建字符样式资源后，字符样式资源选项旁边出现黄色感叹号的情况，如图 5-86 所示。出现此种情况，是因为 Adobe XD 在提醒用户，用户使用的计算机中缺失设置字符样式的字体类型。

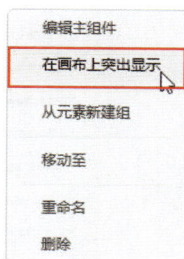

图 5-84 选择"在画布上突出显示"命令

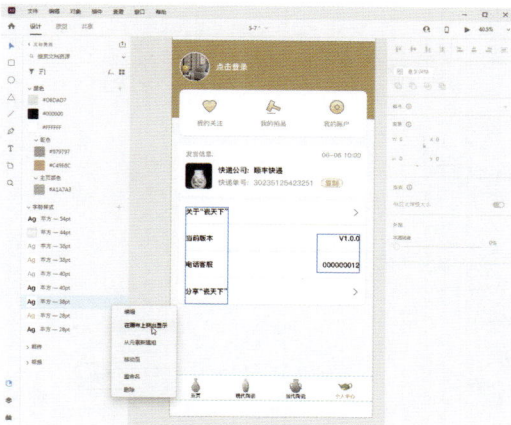

图 5-85 在画布中突出显示

同时，"库"面板顶部也会显示"缺少的字体"分组选项及黄色感叹号标记，如图 5-87 所示，用以告知用户该文件中缺失字体的详细信息，包括缺失字体的数量和含有每种缺失字体的实例个数。

图 5-86 缺失字体

图 5-87 缺失字体信息

用户可以将光标移至"缺少字体"选项上方，右击，在弹出的快捷菜单中选择"在画布上突出显示"命令，在替换字体之前突出显示 UI 设计中的缺失字体，如图 5-88 所示。

再次将光标移至"缺少字体"选项上方，右击，在弹出的快捷菜单中选择"替换字体"命令。弹出"替换缺失字体"对话框，用户可在该对话框中自动预览可以替换的字体类型，如图 5-89 所示。

选择想要替换的字体类型后，单击"替换缺失字体"对话框中的"确定"按钮，画板及定义的字符样式资源中的缺失字体将被替换为该字体。

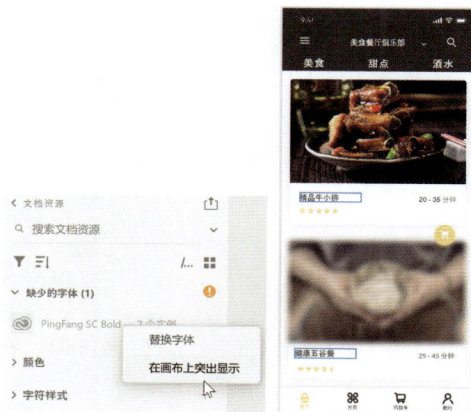

图 5-88 突出显示缺失字体

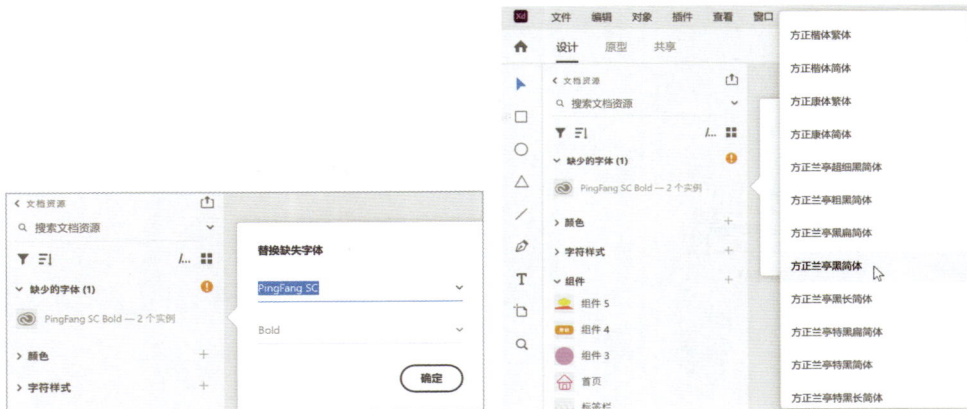

图 5-89　替换缺失字体

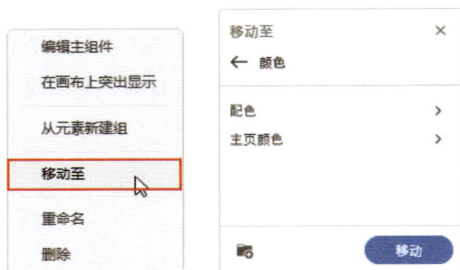

图 5-90　选择"移　图 5-91　"移动至"对话框
动至"命令

### 5. 移动资源

将光标移动至资源上并右击，在弹出的快捷菜单中选择"移动至"命令，如图 5-90 所示。颜色资源将弹出"移动至"对话框，如图 5-91 所示。

在该对话框中选择要移动的文件夹，或单击左下角的"创建新组"按钮 📁，新建文件夹后，单击"移动"按钮，即可将选中资源移动到指定位置。

### 6. 查看详细信息

将光标悬停在某个资源选项或缩略图的上方，系统将显示该资源的详细信息。下面是不同资源包含的信息内容。

▶ 颜色资源：显示资源名称、十六进制颜色值、RGB 颜色值和不透明度，如图 5-92 所示。

▶ 字符样式资源：显示资源名称、字体类型、字体粗细、字号、字间距和行间距，如图 5-93 所示。

▶ 组件资源：显示组件资源的名称和画布上该组件的实例数，如图 5-94 所示。

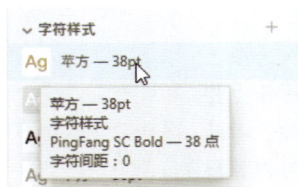

图 5-92　颜色资源　　图 5-93　字符样式资源　　图 5-94　组件资源

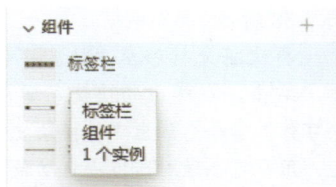

**提示**

渐变颜色资源只显示资源名称和渐变类型。

## 5.4　使用图层

Adobe XD 中的图层是根据原型交互和 UI 设计等主要使用人员进行设计的。其特点是只有与用户正在处理的画板相关联的图层才会高亮显示，这一特性通常会使"图层"面板保持干净整洁的状态。

### 5.4.1　"图层"面板

单击工具栏下方的"图层"按钮 ，即可打开"图层"面板，如图 5-95 所示。在没有选中任何对象的情况下，"图层"面板中显示当前文件中的所有画板。选中任一画板，将在右侧显示该画板，如图 5-96 所示。

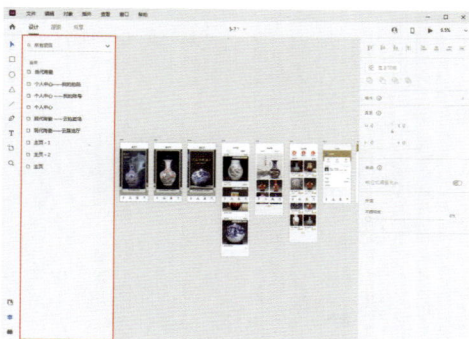

图 5-95　显示"图层"面板

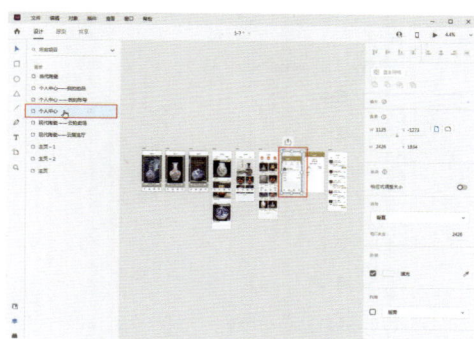

图 5-96　显示选中画板

双击任一画板，将在界面右侧最大化显示该画板，同时"图层"面板将显示该画板中的对象图层，如图 5-97 所示。单击任一对象图层或画板中的对象，将在"图层"面板或画板中显示对应的选中对象，如图 5-98 所示。

图 5-97　最大化显示画板

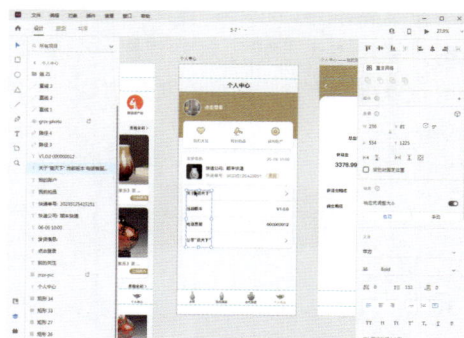

图 5-98　显示选中对象

### 5.4.2　搜索图层

在设计制作 UI 产品的过程中，使用搜索图层功能，可以快速在"图层"面板中找到想要的图层。

Adobe XD 为用户提供了两种搜索图层的方式，一种是在"图层"面板中按图层名称进行搜索，另一种是按照文本、形状和图像等类别进行筛选。

**提示**

新版的 Adobe XD 对搜索体验进行了优化，优化完成后的搜索结果只显示包含关键字的相关图层和画板，而不展示带有上下结构的图层。

在"图层"面板顶部的搜索文本框中输入想要搜索的图层名称，即可快速筛选出与之相关的图层或图层组，如图 5-99 所示。

单击"图层"顶部搜索文本框后面的 ∨ 按钮，打开"图层筛选"下拉列表框，如图 5-100 所示。用户可在其中选择任一图层类型，快速筛选出与之相关的图层或图层组。

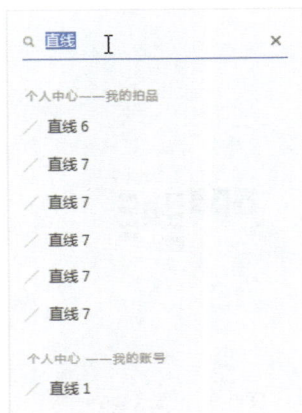

图 5-99　按图层名称筛选

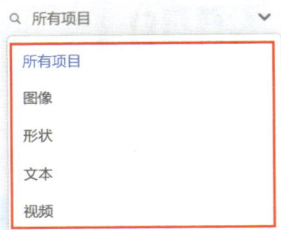

图 5-100　下拉列表框

## 5.4.3　管理图层

默认情况下，每个对象和文本都位于一个独立图层上。例如，用户绘制一个矩形对象时，系统将为此矩形对象创建一个单独的新图层，如图 5-101 所示。再次绘制一个椭圆时，系统同样会为此椭圆对象创建一个单独的新图层，如图 5-102 所示。

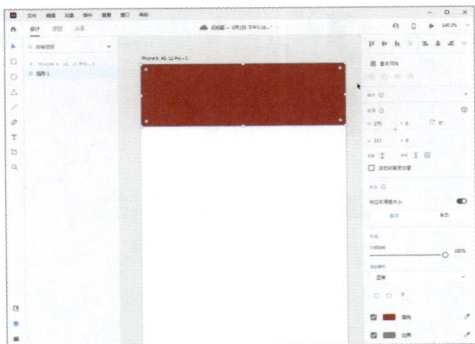

图 5-101　为矩形创建单独图层

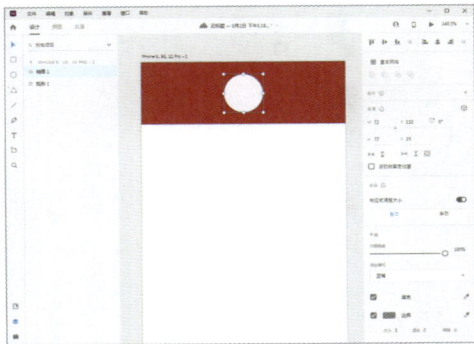

图 5-102　为椭圆创建单独图层

当用户完成了整套 UI 设计时，文件中会包含很多图层。过多的图层非常不利于 UI 文件的管理与预览，因此，用户需要适当地对图层进行管理和整合。可以使用"图层"面板来管理图层，包括分组、重命名、复制或导出图层等操作。

### 1. 分组图层 / 取消编组

在"图层"面板中选中多个图层并将光标悬停于选中图层的上方，右击，在弹出的快捷菜单中选择"组"命令或按【Ctrl+G】组合键，即可将选中图层编为一个图层组，如图 5-103 所示。

在组图层上右击，在弹出的快捷菜单中选择"取消分组"命令或按【Shift+Ctrl+G】组合键，即可取消图层分组，如图 5-104 所示。

### 2. 重命名图层

在想要重命名的图层上右击，在弹出的快捷菜单中选择"重命名"命令或按【Ctrl+Alt+R】组合键，如图 5-105 所示。输入新的图层名后，在空白处单击或按【Enter】键，即可完成重命名图层的操作。

用户也可以双击"图层"面板中想要重命名图层的名称处，当名称变为输入文本框后，输入新图层名称，完成重命名操作，如图 5-106 所示。如果想要继续为下一个图层或画板进行重命名操作，按【Tab】键即可。

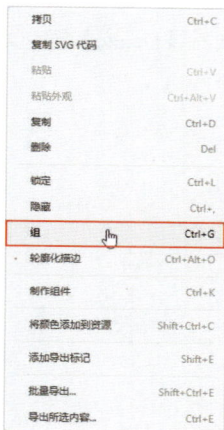

| 图 5-103　选择"组"命令 | 图 5-104　选择"取消编组"命令 | 图 5-105　选择"重命名"命令 | 图 5-106　重命名图层 |

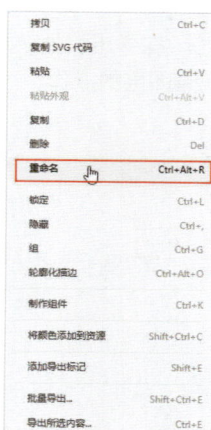

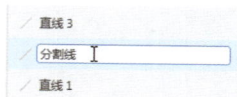

### 3. 隐藏 / 显示图层

将光标悬停在想要显示或隐藏的图层或图层组上方，然后单击图层名后的 👁 图标或按【Ctrl+,】组合键，如图 5-107 所示，即可隐藏当前图层。被隐藏的图层名称将显示为灰色，图层右侧将显示 👁 图标，如图 5-108 所示。单击 👁 图标，即可取消图层隐藏，将其显示在画板中。

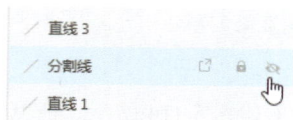

图 5-107　单击"隐藏"图层图标　　　　　图 5-108　隐藏图层状态

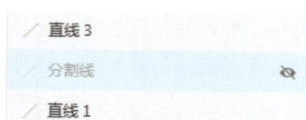

### 4. 锁定 / 解锁图层

将光标悬停在想要锁定或解锁的图层或图层组上方，然后单击图层名后的 🔒 按钮或按【Ctrl+L】组合键，如图 5-109 所示，即可锁定该图层。被锁定的图层右侧将显示 🔒 图标，如图 5-110 所示。被锁定的图层对象可在画板中被选中，选中时右侧将显示一个锁定图标且不参与画板中的所有编辑操作，如图 5-111 所示。

图 5-109　单击"锁定"图层图标　　　图 5-110　锁定图层状态　　　图 5-111　显示锁定图标

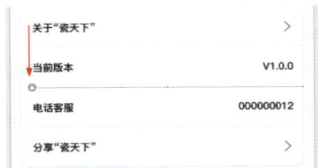

### 5. 复制图层

选择"图层"面板中想要复制的图层，右击，在弹出的快捷菜单中选择"复制"命令或按【Ctrl+D】组合键，如图 5-112 所示，即可在选中图层位置为其创建一个副本图层。

### 6. 删除图层

选中要删除图层，右击，在弹出快捷菜单中选择"删除"命令或按【Delete】键，如图 5-113 所示，即可完成删除图层的操作。

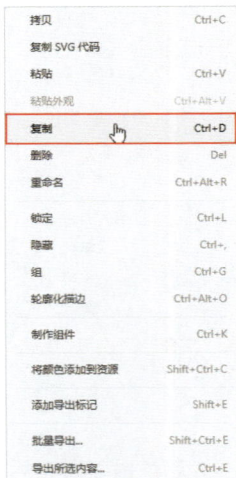

图 5-112　选择"复制"命令　　　　　　图 5-113　选择"删除"命令

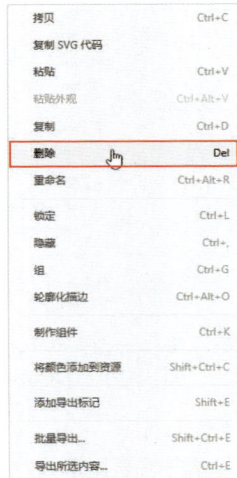

## 5.4.4　应用案例——设计制作茶道 App 市集页面 UI

源文件：源文件 / 第 5 章 / 设计制作茶道 App 市集页面 UI.xd
操作视频：视频 / 第 5 章 / 设计制作茶道 App 市集页面 UI.mp4

**Step 01** 将"素材 / 第 5 章 /506.xd"文件打开，效果如图 5-114 所示。拖曳复制"首页"画板并修改画板名称为"市集"，如图 5-115 所示。

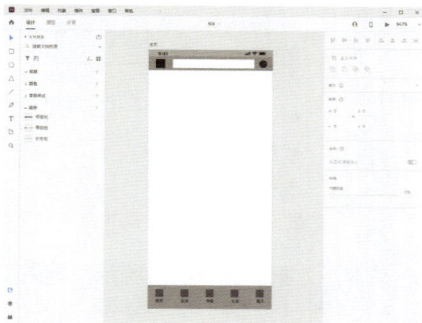

图 5-114　打开素材文件

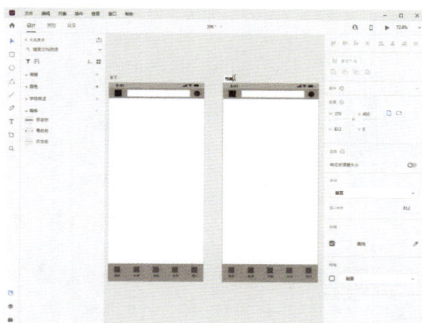

图 5-115　拖曳复制画板并修改画板名称

**Step 02** 使用"矩形"工具在画板中的导航栏下创建一个尺寸为 375px×214px 的矩形，效果如图 5-116 所示。使用"椭圆"工具在矩形下方绘制一个尺寸为 44px×44px 的椭圆，如图 5-117 所示。

图 5-116　绘制矩形

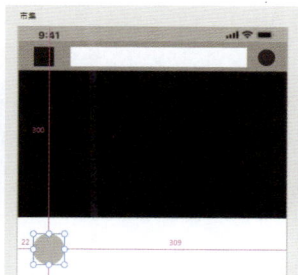

图 5-117　绘制椭圆

**Step 03** 按住【Alt】键的同时使用"选择"工具向右侧拖曳复制 4 个椭圆，拖曳选中所有椭圆，单击"属性"面板中的"居中对齐"和"水平分布"按钮，效果如图 5-118 所示。

**Step 04** 使用"文本"工具在椭圆图形下输入文本，效果如图 5-119 所示。选中文本对象，单击"库"面板中"字符样式"选项后的"+"图标，创建一个名称为"苹方 -12pt"的字符样式，如图 5-120 所示。

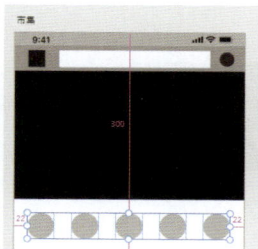

图 5-118　复制椭圆图形

图 5-119　输入文本

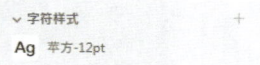

图 5-120　创建字符样式

**Step 05** 继续使用"文本"工具输入文本并应用"苹方 -12pt"字符样式，效果如图 5-121 所示。拖曳选中所有椭圆和文本，按【Ctrl+G】组合键，将所选对象编组并命名为"菜单"，如图 5-122 所示。

图 5-121　输入文本并应用字符样式

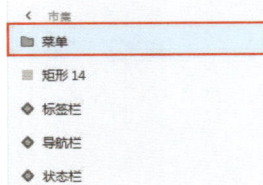

图 5-122　编组对象并命名

**Step 06** 使用"文本"工具在"菜单"下方输入文本，效果如图 5-123 所示。选中文本并创建一个名词为"苹方 -20"的字符样式，如图 5-124 所示。

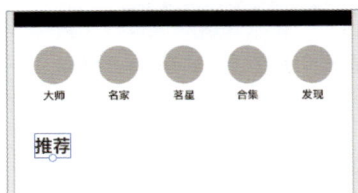

图 5-123　输入文本

图 5-124　创建字符样式

**Step 07** 使用"矩形"工具在画板中创建 4 个尺寸为 72px×72px 的矩形，效果如图 5-125 所示。继续使用"文本"工具输入文本并应用"苹方 -20pt"字符样式，效果如图 5-126 所示。

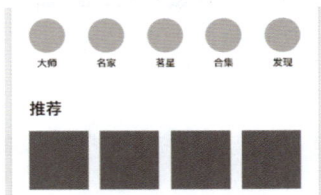

图 5-125　创建 4 个矩形

图 5-126　输入文本并应用字符样式

**Step 08** 使用"矩形"工具在画板中绘制一个尺寸为 330px×184px 的矩形，效果如图 5-127 所示。单击画板名称选中画板，向下拖曳控制框调整画板的大小，移动标签栏组件到画板底部，如图 5-128 所示。

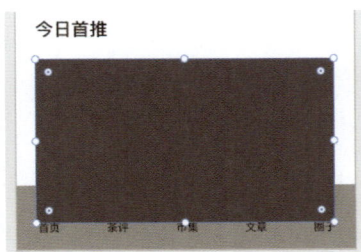

图 5-127　绘制矩形

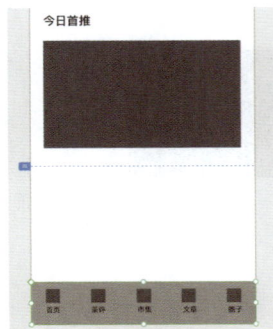

图 5-128　调整画板大小并移动标签栏

**Step 09** 使用"文本"工具在矩形下方输入文本，效果如图 5-129 所示。选中文本并创建一个名词为"苹方 -16"的字符样式，如图 5-130 所示。

图 5-129　输入文本

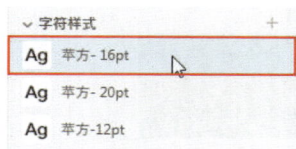

图 5-130　创建字符样式

**Step 10** 继续使用"文本"工具输入文本并应用"苹方 -16pt"字符样式，效果如图 5-131 所示。继续使用"文本"工具输入文本并应用"苹方 -12pt"字符样式，效果如图 5-132 所示。

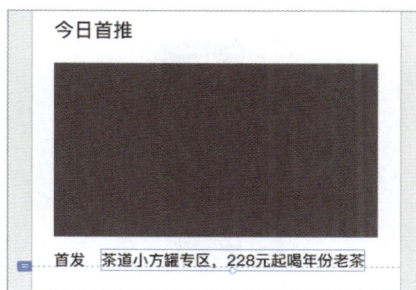

图 5-131　输入文本并应用字符样式

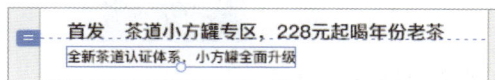

图 5-132　输入文本并应用字符样式

**Step 11** 使用"直线"工具在文本间创建如图 5-133 所示的装饰直线。拖曳选中今日首推全部元素，按【Ctrl+G】组合键编组并命名为"今日首推"，如图 5-134 所示。

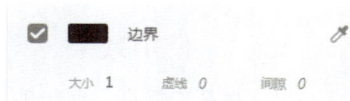

图 5-133　绘制装饰线

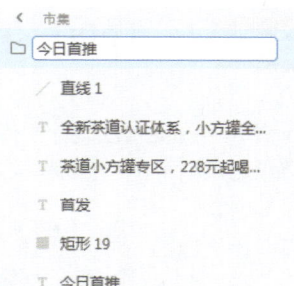

图 5-134　编组对象并命名

**Step 12** 选中"今日首推"组，按【Ctrl+D】组合键复制组并向下移动到如图 5-135 所示的位置，修改组名为"当日精选"，如图 5-136 所示。修改文字内容，如图 5-137 所示。

**Step 13** 将图片素材拖曳到画板中的矩形和椭圆图形上，完成茶道 App 市集页面 UI 的设计制作，效果如图 5-138 所示。

图 5-135　复制并移动组位置　　图 5-136　修改组名称　　图 5-137　修改文字内容

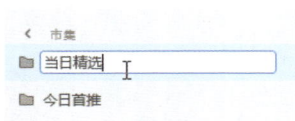

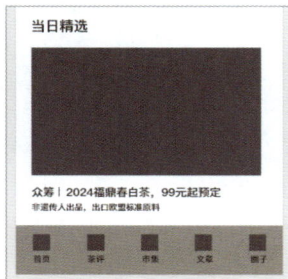

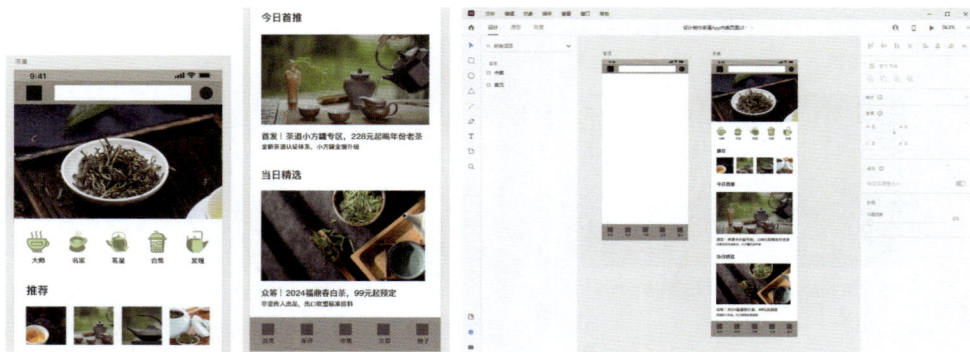

图 5-138　茶道 App 市集页面 UI 效果

## 5.5　效果和混合模式

使用 Adobe XD 设计制作 UI 的过程中，通过为对象添加效果和混合模式，可以增强或降低 UI 页面中图像的视觉效果，使 UI 设计主题更加突出，内容形式更加丰富。

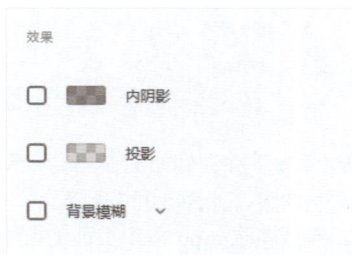

### 5.5.1　使用效果

用户可在"属性"面板的"效果"选项中为对象添加内阴影、投影和背景模糊 3 种效果，如图 5-139 所示。

#### 1. 内阴影

选中画板中的对象，如图 5-140 所示。选择"内阴影"复选框，为对象添加内阴影后的效果如图 5-141 所示。

图 5-139　"效果"选项

图 5-140　选中画板中的对象

图 5-141　添加内阴影效果

单击"内阴影"效果前面的色块，可在打开的"拾色器"面板中设置内阴影的颜色和不透明度，如图 5-142 所示。在 X 和 Y 文本框中输入数值，并设置内阴影在水平和垂直方向上的偏移距离，如图 5-143 所示。

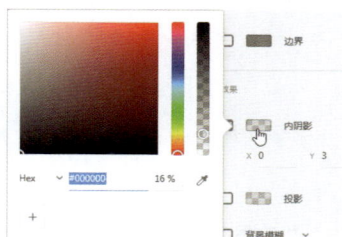

图 5-142　设置内阴影的颜色

图 5-143　设置内阴影偏移距离

在 B 文本框中输入数值，指定与要向其进行模糊处理的内阴影边缘的距离，设置不同数值的内阴影效果如图 5-144 所示。

图 5-144　内阴影效果

## 2. 投影

选中画板中的对象，选择"投影"复选框，为对象添加投影后的效果如图 5-145 所示。投影效果的设置参数与内阴影效果参数相同，具体可参考内阴影效果参数设置。图 5-146 所示为设置参数后的投影效果。

图 5-145　添加投影效果

图 5-146　设置参数后的投影效果

### 3. 背景模糊

用户可以为对象或者画板上的图像添加背景模糊效果，以便强调或不再强调对象的某些部分。选中想添加背景模糊效果的对象，如图 5-147 所示。使用"矩形"工具在对象上创建一个与对象等大的矩形，如图 5-148 所示。选择"背景模糊"复选框，设置参数并向下调整矩形层级，效果如图 5-149 所示。

图 5-147　选中对象　　　图 5-148　创建等大矩形　　　图 5-149　背景模糊效果

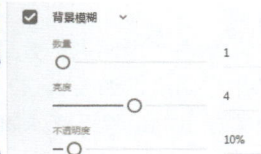

> **提示**
> 
> 为对象添加的背景模糊效果是非破坏性的，用户可以恢复已执行模糊处理的原始对象或图像。

背景模糊效果包含数量、亮度和不透明度 3 个参数。"数量"值用于控制模糊的程度；"亮度"值用于控制模糊的亮度；"不透明度"值用于控制模糊的不透明度。

如果需要隐藏背景模糊效果，可以取消选择"背景模糊"复选框。如果想要删除背景模糊效果，只需选择应用了背景模糊效果的对象并将其删除即可。

### 4. 对象模糊

选中要添加模糊效果的对象或图像，单击"属性"面板中的"背景模糊"选项，在打开的下拉列表框中选择"对象模糊"选项，如图 5-150 所示。可以通过拖曳滑块调整模糊的程度，对象模糊效果如图 5-151 所示。

图 5-150　"对象模糊"选项　　　　　图 5-151　对象模糊应用效果

## 5.5.2　应用案例——为 UI 中的图片添加内阴影效果

源文件：源文件 / 第 5 章 / 为 UI 中的图片添加内阴影效果 .xd
操作视频：视频 / 第 5 章 / 为 ui 中的图片添加内阴影效果 .mp4

**Step 01** 在 Adobe xd 中打开"素材 / 第 5 章 /507.xd"文件，效果如图 5-152 所示。选中"推荐"栏目中的图片，如图 5-153 所示。

图 5-152　打开素材文件

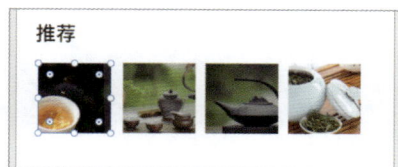

图 5-153　选中素材图片

**Step 02** 在"属性"面板的"效果"选项中选择"内阴影"复选框，单击内阴影颜色色块，在打开的拾色器面板中设置内阴影颜色，如图 5-154 所示。设置内阴影参数，如图 5-155 所示。

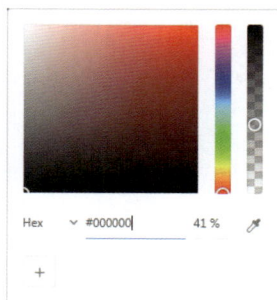

图 5-154　设置内阴影颜色

图 5-155　设置内阴影参数

**Step 03** 添加"内阴影"效果后的图片效果如图 5-156 所示。使用"文本"工具在图片上输入文本内容，效果如图 5-157 所示。

图 5-156　应用内阴影效果

图 5-157　输入文本内容

**Step 04** 使用相同的方法，为其他图片添加内阴影并输入文字内容，完成后的页面效果如图 5-158 所示。

图 5-158　添加内阴影并输入文字内容效果

**知识链接：iOS 系统 App 界面中的文字设置**

iOS 系统 App 界面中的字体应选择苹果公司的苹方字体，字体大小应以 2 的倍数进行划分。一般情况下，App 界面中字体的大小按照标题的文字层级分别使用 12pt、14pt、16pt 和 18pt 的字号。为了便于观察，通过 App 原型界面中文字的字体和字号，向用户展示 iOS 系统 UI 设计中的文字规范，如图 5-159 所示。

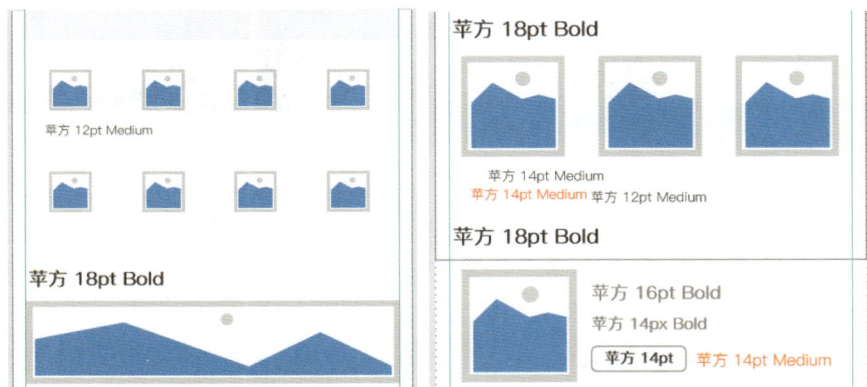

图 5-159　iOS 系统 UI 设计中的文字规范

## 5.5.3　使用混合效果

在 AdobeXD 中处理图像时，用户可能希望为原本简单的照片打造引人注目的独特效果。例如，将品牌的颜色添加为图像效果，以创建具有视觉吸引力的设计。

利用混合模式，可以使用一组预定义的模式将一个图像图层与另一个图层合并，自动创建合成图像资源。

图 5-160　3 种颜色的图像描述

### 1. 混合模式的概念

想要彻底理解什么是混合效果，首先需要知道基色、混合色和结果色的概念，以下是这 3 种颜色的概念描述和图像描述，如图 5-160 所示。

- 基色：图稿的底层颜色。
- 混合色：选定对象、组或图层的原始颜色。
- 结果色：混合后得到的颜色。

基色和混合色根据所选的混合模式加以混合，得到合成后的结果色，也就是应用了混合模式后自动生成的图像效果。Adobe XD 中的 16 种混合模式被分为了 6 类，表 5-2 所示为这 16 种混合模式的分类情况及混合效果。

表 5-2　16 种混合模式的分类情况及混合效果

| 分类 | 混合模式 | 混合效果 |
|------|----------|----------|
| 正常 | 正常 | 默认模式，未应用混合模式 |
| 变暗 | 变暗 | 选择基色或混合色中较暗的颜色作为结果色。将替换比混合色亮的像素，而比混合色暗的像素保持不变 |
| | 正片叠底 | 将基色与混合色进行正片叠底，结果色总是较暗的颜色 |
| | 颜色加深 | 增加二者之间的对比度，使基色变暗以突出混合色 |
| 变亮 | 变亮 | 选择基色或混合色中较亮的颜色作为结果色 |
| | 滤色 | 将混合色的互补色与基色进行正片叠底，结果色总是较亮的颜色 |
| | 颜色减淡 | 减小二者之间的对比度，使基色变亮后突出混合色 |
| 对比度 | 叠加 | 对颜色进行正片叠底或过滤，具体取决于基色。图案或颜色在现有像素上进行叠加操作，同时保留基色的明暗对比 |
| | 柔光 | 使颜色变暗或变亮，具体取决于混合色。结果色与发散的聚光灯照在图像上的效果相似 |
| | 强光 | 对颜色进行正片叠底或过滤，具体取决于混合色。结果色与耀眼的聚光灯照在图像上的效果相似 |
| 倒置 | 差值 | 通过查看每个图像中的颜色信息，从基色中减去混合色，或从混合色中减去基色，采用两个颜色之间亮度值更大的颜色 |
| | 排除 | 创建与"差值"模式相似但对比度更低的效果 |
| 组件 | 色相 | 用基色的明亮度和饱和度，以及混合色的色相创建结果色 |
| | 饱和度 | 用基色的明亮度和色相，以及混合色的饱和度创建结果色 |
| | 颜色 | 用基色的明亮度，以及混合色的色相和饱和度创建结果色 |
| | 明度 | 用基色的色相和饱和度，以及混合色的明亮度创建结果色 |

### 2. 应用混合模式

在画板中选择图像或对象（包括形状、文本、组、蒙版或组件），如图 5-161 所示。单击"属性"面板中的"混合模式"选项，在打开的下拉列表框中选择"变暗"混合模式，混合效果如图 5-162 所示。

图 5-161　选中形状和文本

图 5-162　为选中对象应用混合模式后的效果

提示

为对象或图像应用混合模式后，用户可以按【Shift+Alt+"+"】或【Shift+Alt+"-"】组合键切换混合模式，逐一查看混合模式的应用效果，以便选择更合适的混合效果。

**知识链接：不同对象应用混合效果的规则**

用户为不同对象使用混合效果时，需要了解在应用或修改混合模式时对象会经过哪些处理，注意这些规则，以便更好地完成移动端 UI 设计。

- 对象外观：使用混合模式后应用并影响整个对象。
- 主组件：使用混合模式后应用并影响设计项目中的所有实例。比如修改了组件中对象的颜色，则将改变设计项目中所有实例的颜色。
- 重复网格：使用混合模式后应用于所有单元格。
- 互操作性：当与 Photoshop、Illustrator、Sketch 和 After Effects 一起使用混合模式时，可保留混合效果。

## 5.5.4 应用案例——为 App 界面背景添加花纹

源文件：源文件 / 第 5 章 / 为 App 界面背景添加花纹 .xd
操作视频：视频 / 第 5 章 / 为 App 界面背景添加花纹 .mp4

**Step 01** 将"素材 / 第 5 章 / 为 App 界面添加花纹背景 .xd"文件打开，效果如图 5-163 所示。将"素材 / 第 5 章 / 背景 .jpg"图片素材拖曳到文件中，调整大小并拖曳到如图 5-164 所示的位置。

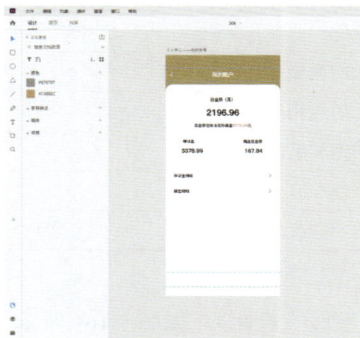

图 5-163 打开素材文件

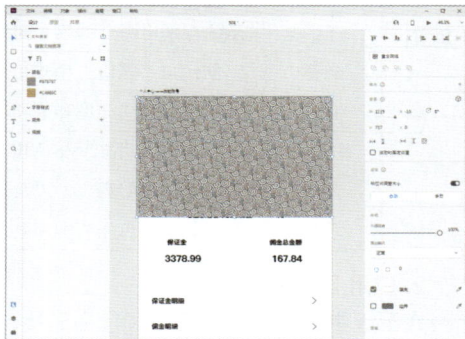

图 5-164 拖入素材图片

**Step 02** 多次按【Ctrl+[】组合键，调整图片的顺序，如图 5-165 所示。选中图片素材，在"属性"面板中选择"正片叠加"混合模式，如图 5-166 所示。

图 5-165 调整图片顺序

图 5-166 设置图片混合模式

**Step 03** 修改"外观"选项下的"不透明度"为 15%，效果如图 5-167 所示。为 App
界面添加花纹背景效果，如图 5-168 所示。

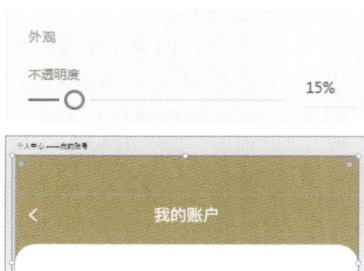

图 5-167　设置图片素材的不透明度

图 5-168　App 花纹背景效果

## 5.6　使用 3D 变换进行透视设计

Adobe XD 为用户提供了在模拟沉浸式和交互式用户体验的过程中，创建 3D 对象的
方法。通过 3D 变换功能，可为对象、文本或图像增加一个全新的维度，使其实现 3D 动
画、透视模型和卡片翻转等多种视觉效果。

### 5.6.1　启用 3D 变换

用户可以将"3D 变换"功能应用于 UI 设计中的复杂元素，如滚动组、重复网格和
堆叠等元素。

在画板中选中一个对象、文本、图像或组，单击"属性"面板中"变换"分组旁边
的"3D 变换"按钮 🧊 或按【Ctrl+T】组合键，启用"3D 变换"功能。"属性"面板的
"变换"分组中的参数如图 5-169 所示。启用"3D 变换"功能后，所选元素的中心将出
现一个 🌐 图标，如图 5-170 所示。

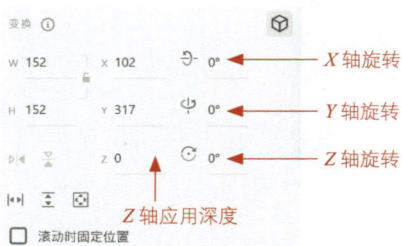

图 5-169　变换参数

图 5-170　启用"3D 变换"功能的元素

## 5.6.2　旋转物体

选中要旋转的元素，用户可在"变换"分组中的"X 轴旋转"文本框、"Y 轴旋转"文本框和"Z 轴旋转"文本框中输入数值，实现元素在不同方向上的旋转操作。图 5-171 所示为选中元素的 Z 轴旋转效果。

用户也可以将光标移至所选元素的中心图标上，当光标变为 状态时，按下鼠标左键并拖曳，将沿 X 轴旋转选中元素，效果如图 5-172 所示。当光标变为 状态时，按下鼠标左键并拖曳，将沿 Y 轴旋转选中元素，效果如图 5-173 所示。

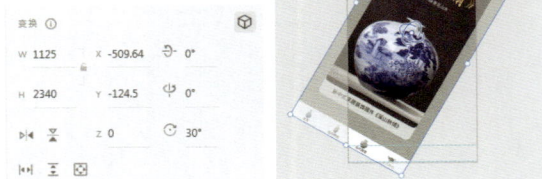

图 5-171　元素沿 Z 轴旋转效果

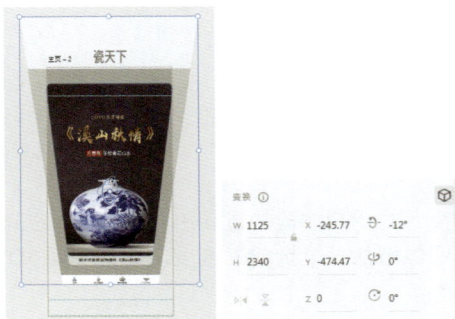

图 5-172　沿 X 轴旋转

图 5-173　沿 Y 轴旋转

## 5.6.3　应用深度

在画板中选中想要透视的元素，在"属性"面板的"Z 轴位置"文本框中输入数值，即可改变所选元素的深度，如图 5-174 所示。

用户也可以将光标移至所选元素的中心图标上，当光标变为 状态时，按下鼠标左键并拖曳，为所选元素增加进深感，如图 5-175 所示。

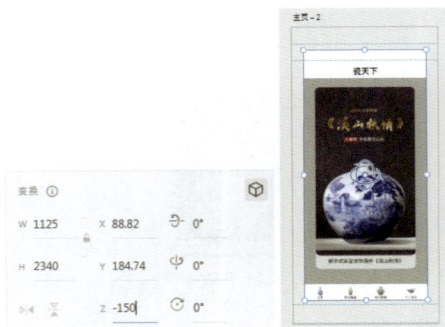

图 5-174　输入数值改变元素深度

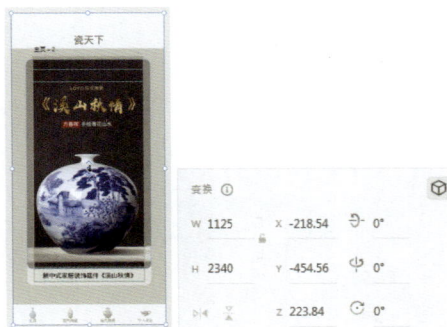

图 5-175　拖曳增加进深感

> **提示**
>
> 用户使用透视法设计卡片或创建卡片翻转交互时，可为所选元素设置 Z 轴应用深度，使元素拥有进深感。

## 5.7 总结拓展

在设计制作移动 UI 页面的过程中，为确保视觉风格的一致性，应在所有页面上采用相近的配色方案，并严格限制字体种类不超过 3 种。通过利用 Adobe XD 平台内建的库资源，能够高效解决配色选择及字体应用的问题，从而加速设计流程，确保界面既美观又统一。

### 1. 本章小结

通过本章的学习，读者应掌握 Adobe XD 设计制作产品 UI 的方法和流程，能够熟练掌握创建和应用库资源、管理和编辑库资源、"图层"面板、效果和混合模式的使用方法，以及使用 3D 变换进行透视设计的方法，将所学的内容应用到互联网产品 UI 的制作工作中，充分美化 UI 页面，展示产品功能。

### 2. 拓展案例——设计制作诗词 App UI 页面

参考本章所学内容，尝试设计制作一款诗词 App UI 界面。在充分考虑 UI 设计规范的同时，尝试使用组件、字符样式和效果等功能，参考界面如图 5-176 所示。

图 5-176　诗词 App UI 页面

## 5.8 课后测试

完成本章内容学习后，接下来通过几道课后习题，测验一下读者学习 Adobe XD 设计制作产品 UI 的学习效果，同时加深对所学知识的理解。

## 一、选择题

1. 创建组件后，左上角显示绿色实心菱形的组件为（　　）。

　　A. 组件实例　　　　B. 主组件　　　　C. 复制组件　　　　D. 组件副本

2. 用户不可以在"库"面板中完成的库资源管理操作是（　　）。

　　A. 搜索　　　　　　B. 筛选　　　　　C. 排序　　　　　　D. 编辑

3. "内阴影"效果参数中的 B 文本框是设置与要向其进行模糊处理的内阴影边缘的
（　　）。

　　A. 长度　　　　　　B. 距离　　　　　C. 高度　　　　　　D. 浓度

4. 基色和混合色根据所选的混合模式加以混合，得到合成后的（　　）。

　　A. 混合模式　　　　B. 结果色　　　　C. 基色　　　　　　D. 混合色

5. 想要改变画板中所选元素的深度，可在（　　）文本框中输入数值。

　　A. X 轴旋转　　　　B. Y 轴旋转　　　C. Z 轴旋转　　　　D. Z 轴位置

## 二、判断题

1. 将视频转换为组件时，视频会同时添加到"组件"和"视频"选项中。（　　）

2. "库"面板中的渐变颜色资源只显示资源名称和渐变类型。（　　）

3. 为对象添加的背景模糊效果是破坏性的，用户不能恢复已执行模糊处理的原始对
象或图像。（　　）

4. 默认情况下，每个对象和文本都位于一个独立图层上。（　　）

5. "滤色"图层混合模式将混合色的互补色与基色进行正片叠底，结果色总是较暗
的颜色。（　　）

## 三、创新题

根据本章前面所学习和了解到的知识，设计制作一款运行在 iOS 系统的书法国画艺
术 App UI，具体要求和规范如下：

- 内容 / 题材 / 形式。

以推广书法绘画为题材的 App 产品。

- 设计要求。

以展示书法、国画艺术为主要目的，界面精致漂亮，结构大胆创新，并符合国风主
题风格，符合 iOS 系统规范要求。

# 第 6 章
## Adobe XD 设计制作页面交互

    Adobe XD 以其强大的设计工具和全面的交互功能，赋能用户轻松打造出既赏心悦目又功能强大的用户界面。本章将深入解析 UI 设计中交互动效的构建与配置技巧，旨在引导读者精通在 Adobe XD 内创建交互效果、细致调整动画设置，并高效预览动效表现的全过程，从而提升设计作品的互动体验与视觉吸引力。

### 知识目标

- 掌握 UI 交互的建立和设置方法。
- 掌握创建定时过渡的方法和技巧。

### 能力目标

- 能够使用按键和游戏手柄创建交互。
- 能够完成锚点链接交互特效的创建。

### 素质目标

- 了解 UI 交互的作用，培养学生勇于创新、严谨求实的科学精神。
- 强调 UI 交互设计中的审美原则和文化内涵，提高学生的审美能力和文化素养。

## 6.1 添加交互

    通过为移动 App 原型或 UI 添加丰富且有效的交互效果，能够更直观地展示 App 的功能，有效提升 App 的用户体验。

### 6.1.1 设置主页

    对于一个全面的移动 UI 项目而言，用户首先需要点击启动图标，由此开启并直达 App 的"主页"界面，即应用的起始与核心展示屏，如图 6-1 所示。一旦进入"主页"，用户便能借助精心设计的导航机制，轻松探索并获取 App 内的各类信息。

    Adobe XD 在"原型"模式下匠心独运，特别引入了"设置主页屏幕"的功能，旨在让开发者能够构建出更加贴近真实使用场景的交互式移动 App 原型，从而拉近设计与最终产品的距离。

单击 Adobe XD 软件界面工作区上方的"原型"按钮,即可快速切换到"原型"模式,如图 6-2 所示。

图 6-1 点击启动图标打开"主页"界面

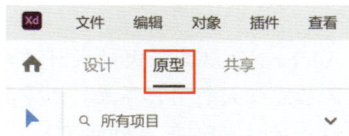

图 6-2 "原型"模式

进入"原型"模式后,工具栏中的"选择"工具被激活。单击工作区域中的任意画板,画板左上角出现一个灰色的主页图标,如图 6-3 所示。单击灰色的"主页"图标,即可将该画板定义为"主页"屏幕,该画板左上角的主页图标变为蓝色,画板顶部出现"流量 1"图标,如图 6-4 所示。

图 6-3 灰色主页图标

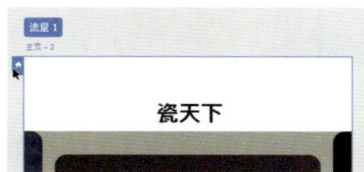

图 6-4 定义"主页"屏幕

**提示**

在一个移动 UI 项目中已经设置过主页屏幕后,如果想要添加主页屏幕,只需选中另外的画板并单击该画板左上角的"主页"图标即可。

用户在预览移动 UI 设计时,如果没有指定画板(屏幕),将从"主页"屏幕开始预览。简单来说就是在默认情况下,"主页"屏幕会被设置为第一个建立链接的画板。

### 6.1.2 建立链接

用户想要在 Adobe XD 中创建交互式原型或 UI 设计,可以通过将交互式元素链接到目标对象或画板来完成操作。为了更加方便、快捷地完成交互式设计,在链接画板和元素之前,应为工作区域中的每一个画板和元素设置一个独一无二的名称。

用户在创建交互式 UI 设计时,可以选择定义和创作单个交互流程或多个交互流程。

#### 1. 单个交互流程

在"原型"模式下,选中想要链接的元素或画板,对象或画板被蓝色半透明边框包围,边框右侧边线的中间出现一个蓝色的带箭头的链接手柄,如图 6-5 所示。

将光标移至链接手柄上方,按下鼠标左键并拖曳,将出现一条蓝色的链接线,如图 6-6 所示。

图 6-5　蓝色带箭头链接手柄　　　　　　　　图 6-6　蓝色链接线

　　拖曳链接线到目标画板或元素上，松开鼠标左键，即可将选中元素或画板与目标元素或画板建立链接，如图 6-7 所示。在单个交互流程下，Adobe XD 工作区域内的任意元素或画板都可以成为链接对象。

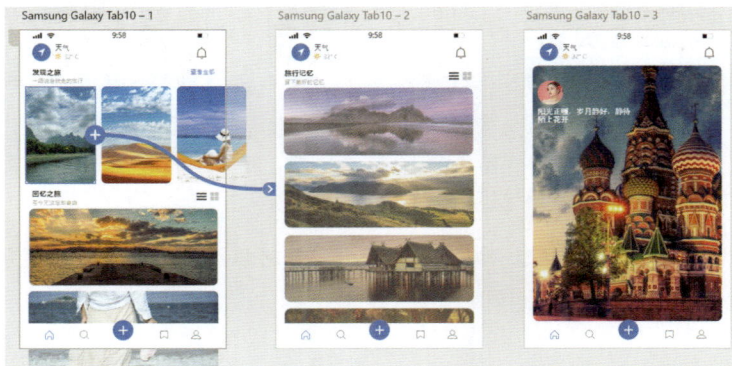

图 6-7　创建单个交互流程

### 2. 多个交互流程

　　在"原型"模式下，选中任意画板并将其定义为"主页"画板，用于定义交互动效的起点并输入交互流程的名称，如图 6-8 所示。选中主页画板后，整个主页画板被蓝色半透明边框包围，同时边框右侧边线的中间出现带箭头的链接手柄，如图 6-9 所示。

交互流程名称

图 6-8　输入交互流程名称　　　　　　　　图 6-9　"主页"画板显示效果

将光标移至链接手柄上方，按下鼠标左键并拖曳，将链接手柄拖曳到目标画板中，松开鼠标左键，"主页"画板即与目标画板建立链接。可以使用相同的方法为"主页"画板创建多个链接，即多个交互流程，如图 6-10 所示。

在多个交互流程下，**Adobe XD** 只允许画板与画板建立链接，且只有在选中某个交互流程的前提下，该交互流程中的链接线才会显示为蓝色。

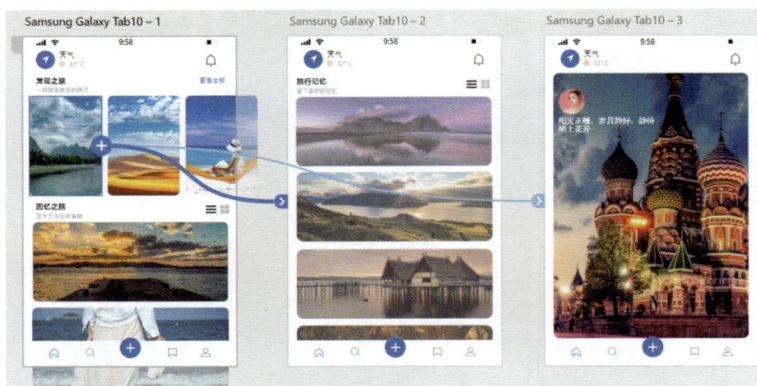

图 6-10  创建多个交互流程

> **提示**
>
> 如果用户的移动 UI 项目包含多个交互流程，则可以为每个交互流程设置"主页"画板。

## 6.1.3  设置交互效果

在工作区域中为元素或画板添加链接后，"属性"面板中将显示"交互"和"操作"分组选项，如图 6-11 所示。用户可在这两个分组选项中为链接对象设置触发条件、操作类型、操作目标和操作动画等参数。

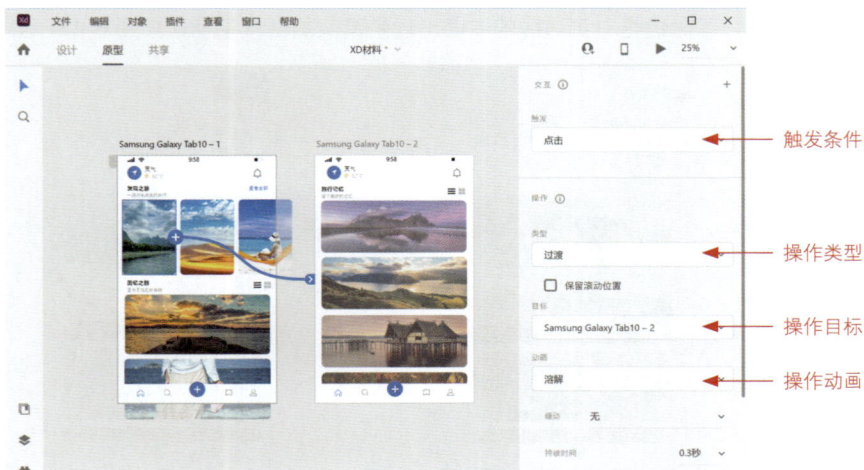

图 6-11  "交互"和"操作"分组选项

### 1. 触发条件

单击"属性"面板中的"触发"选项，打开触发条件下拉列表框，如图 6-12 所示。用户可在其中选择"点击""拖移""按键和游戏手柄"或"语音"作为链接对象的触发条件。

用户还可以为链接对象设置多个触发条件来创建高级交互，而无须在画板上的不同对象之间分配触发条件。将光标移至链接对象右侧边线中间的蓝色"+"按钮，如图 6-13 所示。按下鼠标左键并拖曳链接线到目标画板中，可添加新的触发条件。

用户还可以单击"属性"面板顶部"交互"分组旁边的"添加交互"按钮 + ，链接对象的右侧边线中间将出现一条新的链接线，如图 6-14 所示。用户可拖曳链接线到目标画板，从而添加新的触发条件。

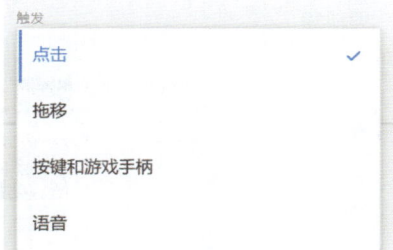

图 6-12　"触发"下拉列表框

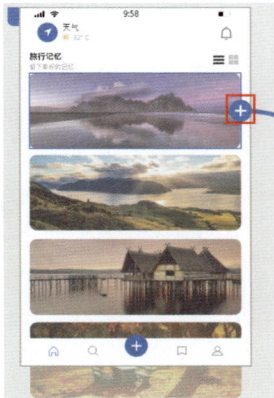

图 6-13　将鼠标移至相应的按钮上

图 6-14　添加新的触发条件

> **提示**
>
> "点击"和"拖移"触发条件只能应用一次。"语音"和"按键和游戏手柄"触发条件可以应用多次。

### 2. 操作类型

单击"属性"面板中的"类型"选项，打开操作类型下拉列表框，如图 6-15 所示。选择其中的任意操作类型，为链接对象应用该操作类型。

比如，选择将触发条件为"点击"选项，选择操作类型为"叠加"选项，链接对象上将出现两条绿色的交叉线条，交叉线中点有一个绿色的"叠加"按钮，如图 6-16 所示。单击"叠加"按钮，可查看叠加效果。

### 3. 操作目标

单击"属性"面板中的"目标"选项，打开操作目标下拉列表框，如图 6-17 所示。选择其中的任意画板选项，为链接对象与选中画板建立操作。当前 XD 文件中包含的所有画板，都位于"目标"下拉列表框中。

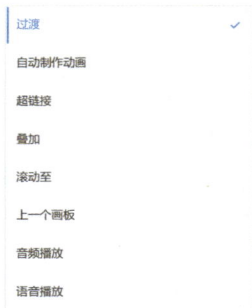

图 6-15　"类型"下拉列表框　　　　图 6-16　选择"叠加"操作类型

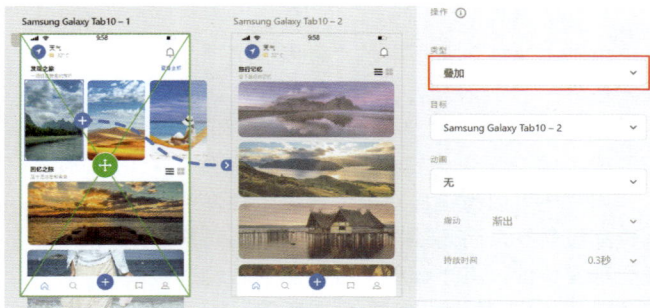

#### 4. 操作动画

　　单击"属性"面板中的"动画"选项，打开操作动画下拉列表框，如图 6-18 所示。选择其中的任意动画选项，在链接对象与目标画板的转换过程中将应用该动画效果。

　　设置完动画类型后，单击"缓动"选项后的 ∨ 按钮，打开缓动选项下拉列表框，如图 6-19 所示。选择其中的任意选项，预览时链接对象与目标画板转换时，应用的动画效果将以该种缓动方式呈现在使用者面前。

图 6-17　"目标"下拉列表框　　图 6-18　"动画"下拉列表框　　图 6-19　"缓动"下拉列表框

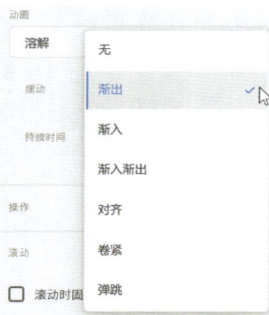

**提示**

　　太短的动画无法让浏览者清晰地感受到动画效果；太长的动画则会让浏览者感到烦躁。默认情况下，动画持续时间为 1 秒，用户可根据交互动画的需求设置动画的持续时间。

　　若用户想要为链接对象同时添加多个操作时，首先需要将"属性"面板中的第一个操作"类型"选项设置为"过渡""自动制作动画""叠加"或"上一个画板"。

　　然后单击"属性"面板底部"操作"分组旁边的"添加操作"按钮，即可添加一个操作选项。第二个"操作"选项只能设置为"音频播放"或"语音播放"类型，如图 6-20 所示。

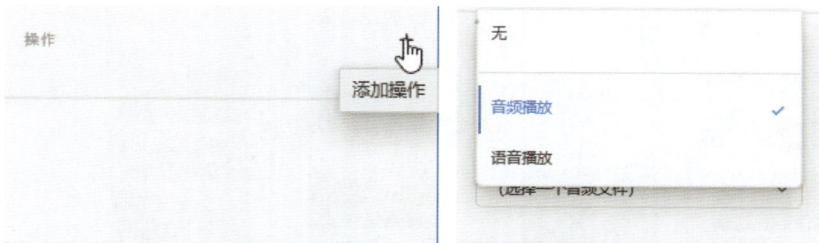

图 6-20　添加多个操作

### 知识链接：UX 设计的概念

近些年，人们对移动端 App 产品的要求越来越高，不再仅仅喜欢那些功能好、实用和耐用的产品，而是转向了产品给人的心理感觉，这就要求用户在设计产品时能够提高产品的用户体验。

提高体验的目的在于给用户一些舒适的、与众不同的或意料之外的感觉。用户体验的提高可以使整个操作过程符合用户基本逻辑，使交互操作过程顺理成章，而良好的用户体验则是用户在这个流程的操作过程中获得的便利和收获。

用户体验是从 User Experience 翻译而来，所以简称 UX 或 UE，而 UX 设计的主要表达方式就是交互动效，因此，将设计过程中 App 的用户体验称为交互动效设计。UX 设计作为一种提高移动端 UI 项目操作可用性的方法，越来越受到重视，国内外各大企业都在自己的产品中默默地加入了 UX 设计。

为什么现在的 App 越来越注重交互设计？用户可以先从使用者对于产品元素的感知顺序来看，如图 6-21 所示。不难看出，使用者对于产品的动态信息感知是最强的，其次是产品的颜色，最后才是产品的形状，也就是说动态效果的感知明显高于产品的界面设计。

图 6-21　使用者对于产品元素的感知顺序

动效是物体空间关系与功能有意识的流动之美，适当的动效设计能够使用户更了解移动端 App 产品。在产品的交互操作过程中恰当地加入精心设计的动效，能够向用户有效地传达当前的操作状态，增强用户对于直接操纵的感知，通过视觉化的方式向用户呈现操作结果。

## 6.1.4　链接上一个画板

在"原型"模式下，选中要链接的元素或画板，将光标移至链接手柄上方，按下鼠标左键并拖曳链接器到目标画板，松开鼠标左键后建立链接，如图 6-22 所示。

在"属性"面板"操作"分组下的"类型"下拉列表框中选择"上一个画板"类型，链接线的尾部会显示"返回"图标，如图 6-23 所示。

图 6-22　建立链接

图 6-23　选择"上一个画板"选项

## 6.1.5　取消链接

在"原型"模式下，选择想要取消链接的元素或画板，单击"属性"面板中的"目标"选项，在打开的操作目标下拉列表框中选择"无"选项，即可取消元素或画板的链接操作，如图 6-24 所示。

用户也可以单击想要取消链接的元素或画板，将光标移至链接上，按下鼠标左键并拖曳链接线移出目标画板的范围，也可取消元素或画板的链接，如图 6-25 所示。

图 6-24　选择"无"选项

图 6-25　拖曳链接线取消链接

## 6.1.6　应用案例——设计制作 App 页面交互动画

源文件：源文件 / 第 6 章 / 设计制作 App 页面交互动画 .xd
操作视频：视频 / 第 6 章 / 设计制作 App 页面交互动画 .mp4

**Step01** 打开"素材 / 第 6 章 /516.xd"文件，效果如图 6-26 所示。切换到"原型"模式，在"标签栏"组件上右击，在弹出的快捷菜单中选择"编辑主组件"命令，显示工作区中的主组件元素，如图 6-27 所示。

**Step02** 双击两次，选中主组件中的"主页"图标，如图 6-28 所示。拖曳图标右侧链接手柄到"主页"画板，为"主页"画板创建链接，设置"触发"条件为"点击"，操作"类型"为"过渡"，"动画"类型为"溶解"，"缓动"为"渐出"，"持续时间"为 0.3 秒，如图 6-29 所示。

**Step03** 继续使用相同的方法，将其他 3 个图标链接到对应的画板，效果如图 6-30 所示。选择"现代陶瓷——云拍卖场"画板中的"云展览厅"文本，拖曳右侧链接手柄到"现代陶瓷——云展览厅"画板，如图 6-31 所示。

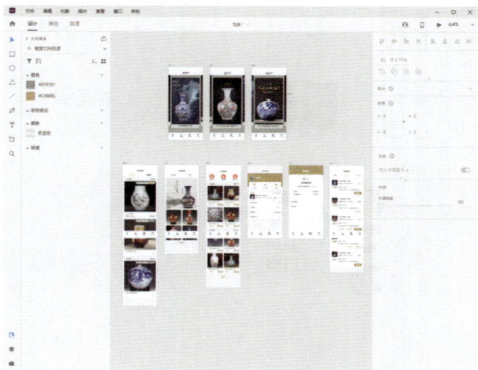

图 6-26　打开素材文件

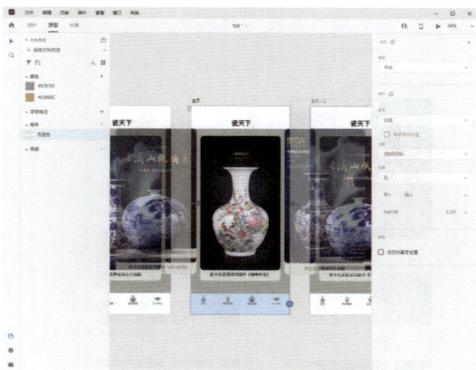

图 6-27　编辑主组件

图 6-28　选中"主页"图标

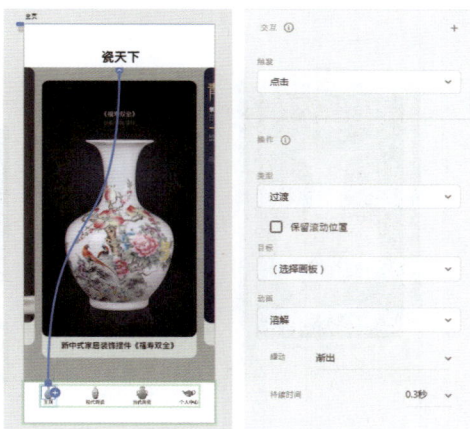

图 6-29　创建主页链接

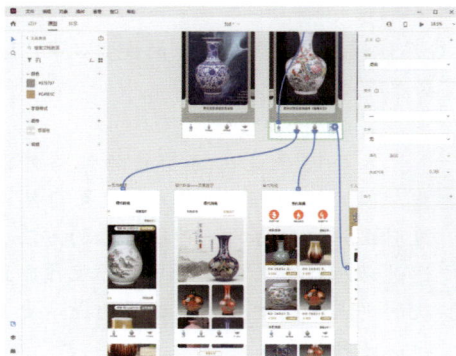

图 6-30　创建其他链接

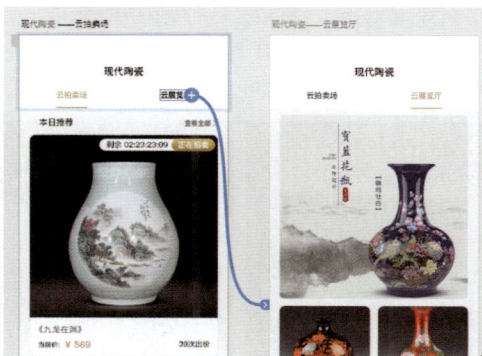

图 6-31　创建文本链接

**Step04** 选择"现代陶瓷——云展览厅"画板中的"云拍卖场"文本,拖曳右侧链接手柄到"现代陶瓷——云拍卖场"画板,如图 6-32 所示。继续使用相同的方法,为其他页面中的元素创建连接,效果如图 6-33 所示。

**Step05** 单击"桌面预览"按钮,App 页面交互动画效果如图 6-34 所示。

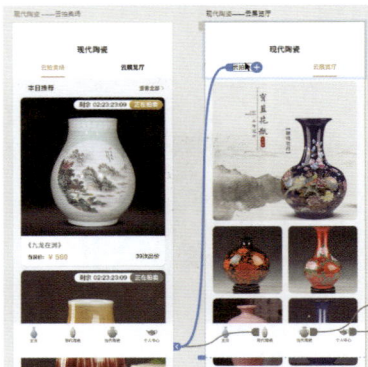

图 6-32　继续创建文本链接

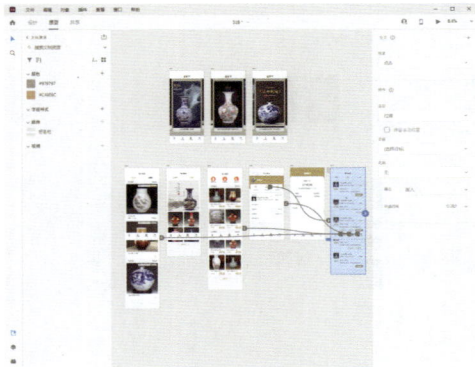

图 6-33　创建其他页面元素链接

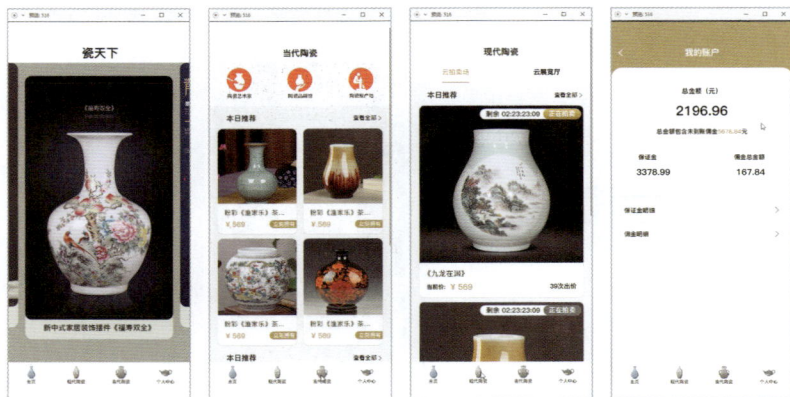

图 6-34　预览 App 页面交互动画效果

### 知识链接：动效在 UI 界面中的作用

为什么需要在 UI 界面中加入动效设计呢？除了能够给用户带来酷炫的视觉效果，UI 界面中的动效设计在用户体验中其实还发挥着重要作用。

图 6-35　细微动效吸引用户注意力

### 1. 吸引用户注意力

人类天生就对运动的物体格外注意，因此 UI 界面中的动态效果自然是吸引用户注意力的一种很有效的方法。通过动态效果来提示用户操作往往比传统的"点击此处开始"这样的提示更直接，也更美观。

例如在运动 App 界面中，随着用户不断运动，界面中的各项数值也在不断变化，从而有效地提醒用户注意到这些运动数据的变化。虽然这样的动效表现很细微，但还是能够有效引起用户的注意，如图 6-35 所示。

### 2. 为用户提供操作反馈

在智能移动设备的屏幕上点按虚拟元素，不像按下实体按钮一样能够感觉到明确的触觉反馈。此时，动态的交互效果就成为了一种很重要的反馈途径。有些动态效果反馈非常细微，但是组合起来却能传达出很复杂的信息。

### 3. 增强指向性

当用户为移动 App 设计页面间的切换效果时，如查看照片、进入聊天等，合理的动态交互效果能够帮助用户建立很好的方向感，就像设计合理的公路和路标能够引导人们走向正确的道路一样。

例如用户登录购物 App，在商品列表界面轻触某个商品图像后，图像从列表界面中的位置放大，逐渐过渡到该商品的详细信息界面。同时，单击商品详细信息界面左上角的"返回"图标，则该商品图片逐渐缩小，返回到商品列表界面，指引用户找到浏览的位置，如图 6-36 所示。

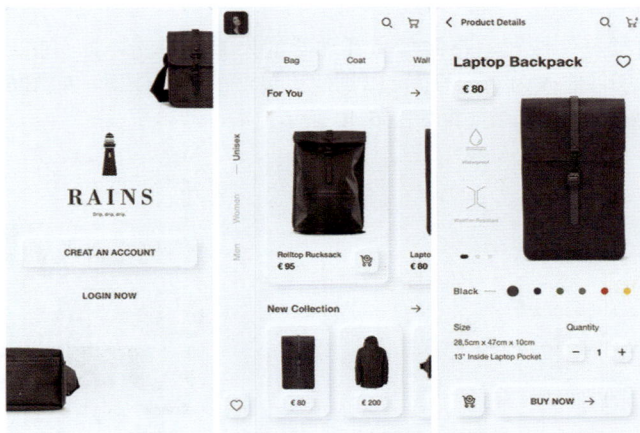

图 6-36　动效可增强指向性

### 4. 传递信息深度

动态交互效果除了可以表现元素在界面上的位置和大小变化，还可以用来表现元素之间的层级关系。借助陀螺仪和加速度传感器，让界面元素之间产生微小的位移，从而产生视差效果，这样可以将不同层级的元素区分开来。

## 6.2　自动制作动画

Adobe XD 为用户提供了"自动制作动画"功能，极大地简化了用户流程，使用户能够轻松打造引人入胜的过渡效果，直观展示移动应用 UI 内容在画板间流畅转换的动态之美。

### 6.2.1　创建交互式动画

选择画板中需要创建交互动画的元素，切换到"原型"模型，拖曳链接手柄到目标画板，松开鼠标左键建立链接，如图 6-37 所示。将操作"类型"设置为"自动制作动画"，如图 6-38 所示。

图 6-37　建立链接

图 6-38　设置操作类型

单击"桌面预览"按钮，在添加交互动画的元素上单击，即可播放交互动画。用户可将"触发"条件修改为"拖移"，以创建更灵活的交互效果，如图 6-39 所示。单击"桌面预览"按钮，交互动画效果如图 6-40 所示。

图 6-39　修改"触发条件"为"拖移"

图 6-40　交互动画效果

## 6.2.2　应用案例——设计制作 App 页面轮播交互效果

源文件：源文件 / 第 6 章 / 设计制作 App 页面轮播交互效果 .xd
操作视频：视频 / 第 6 章 / 设计制作 App 页面轮播交互效果 .mp4

**Step 01** 打开"素材 / 第 6 章 /522.xd"文件并切换到"原型"模式，效果如图 6-41 所示。选中"主页"画板中的图片素材，拖曳图片右侧链接手柄到"主页 -2"画板，如图 6-42 所示。

**Step 02** 在"属性"面板中设置"触发"条件为"拖移"，操作"类型"为"自动制作动画"，如图 6-43 所示。继续选择"主页 -2"画板中的图片元素，拖曳图片右侧链接手柄到"主页 -1"画板并设置交互参数，如图 6-44 所示。

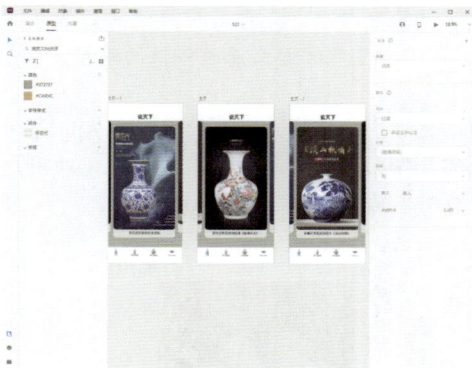

图 6-41　打开素材文件

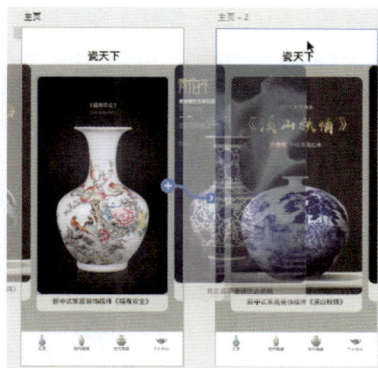

图 6-42　拖曳创建页面链接

图 6-43　设置交互参数

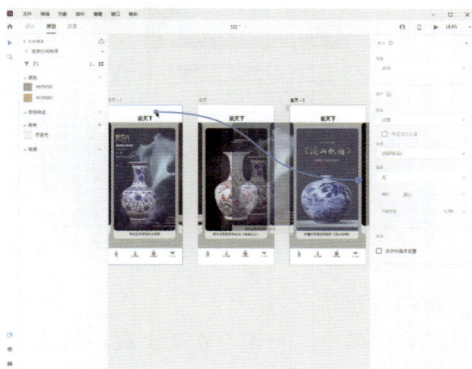

图 6-44　两次拖曳创建页面链接

**Step03** 选择"主页 -1"画板中的图片元素，拖曳图片右侧链接手柄到"主页"画板并设置交互参数，如图 6-45 所示。按【Ctrl+Enter】组合键预览页面轮播交互效果，如图 6-46 所示。

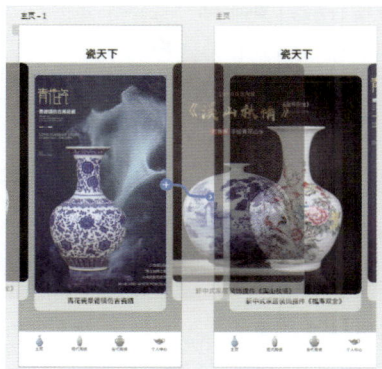

图 6-45　为"主页 -1"画板创建页面链接

图 6-46　页面轮播交互效果

**知识链接：交互动效设计的类型**

一个好的交互动效设计应该是自然、舒适和锦上添花，而不是仅仅为了吸引目光而生拉硬套。所以要把握好在交互过程中动效设计的轻与重，先考虑用户使用的场景、频繁和程度，然后再确定动效的注目程度，并且还需要重视界面交互整体性的编排。

### 1. 转场过渡

用户的大脑对动态事物（如对象的移动、变形、变色等）比较敏感，在 App 界面中加入一些平滑舒适的过渡转场效果，不仅能够让界面显得更加生动，更能够帮助用户理解界面前后变化的逻辑关系。图 6-47 所示为应用了转场过渡动效的 App 界面。

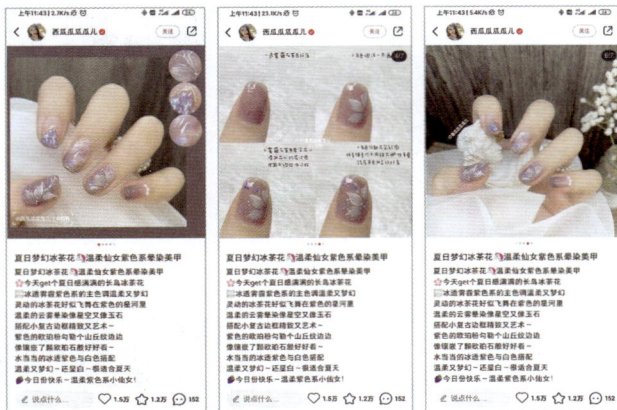

图 6-47　应用转场过渡动效的 App 界面

### 2. 层级展示

在现实空间中，物体存在近大远小的透视现象，运动则会表现为近快远慢。当界面中的元素位于不同的层级时，恰当的动效可以帮助用户理清前后位置关系，通过动效能够体现出整个界面的空间感。图 6-48 所示为应用了层级展示动效的 App 界面。

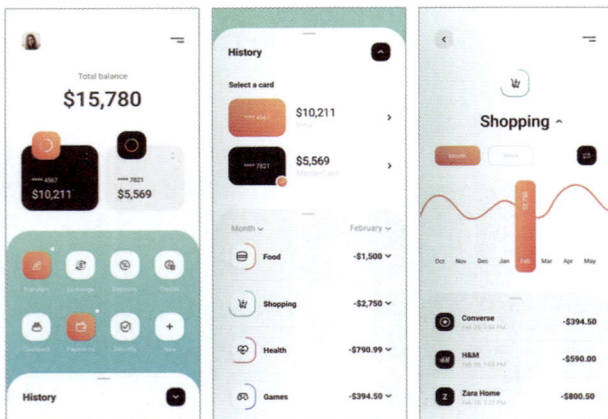

图 6-48　应用层及展示动效的 App 界面

### 3. 空间扩展

在移动端 UI 设计中，由于有限的屏幕空间难以承载大量的信息内容，运用动效，可以在界面中通过折叠、翻转和缩放等形式拓展附加内容的界面空间，以渐进展示的方式来减轻用户的认知负担。图 6-49 所示为应用了空间扩展动效的 App 界面。

图 6-49　应用空间扩展动效的 App 界面

#### 4. 关注焦点

关注焦点是指在界面中通过元素的动作变化，提醒用户关注界面中特定的信息内容。这种提醒方式不仅可以降低视觉元素的干扰，使界面更加清爽简洁，还能够在用户使用过程中，轻盈自然地吸引用户的注意力。

例如在天气 App 界面中，通过右上角人物和天气动画的形式来表现天气状况，按照元素缓动的原理，为内容赋予弹性效果，如图 6-50 所示。

图 6-50　应用关注焦点动效的 App 界面

#### 5. 内容呈现

界面中的内容元素按照一定的秩序规律逐级呈现，引导用户视觉焦点走向，能够帮助用户更好地感知页面布局、层级结构和重点内容，同时也能够让界面的操作流程更加丰富流畅，增添了界面的表现活力。

例如在 App 界面中，各功能选项以风格统一但颜色不同的图标整齐排列表现，当用户在界面中单击某个功能图标时，将切换过渡到相应的信息列表界面中，而信息列表的呈现方式同样通过动效的形式来表现，并且不同的信息使用了不同的背景颜色，使得界面的信息内容表现非常清晰，如图 6-51 所示。

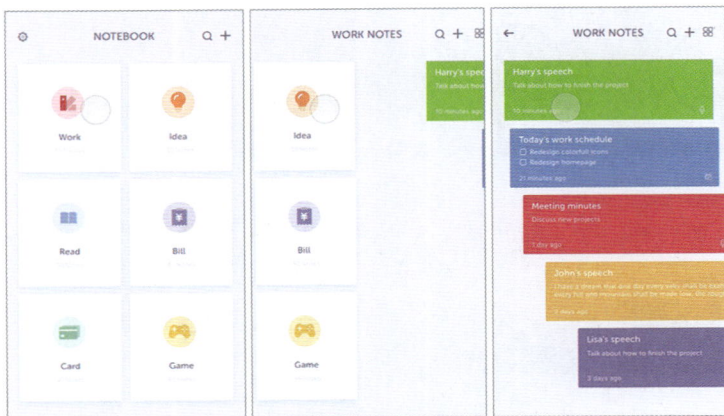

图 6-51　应用内容呈现动效的 App 界面

### 6. 操作反馈

在 App 界面中进行点击、长按、拖曳和滑动等交互操作，都应该得到系统的即时反馈，将其以视觉动效的方式呈现，帮助用户了解当前系统对用户交互操作过程的响应情况，为用户带来安全感。

## 6.3　使用其他方式构建交互

Adobe XD 还提供了"按键和游戏手柄"和"语音"两种触发条件，方便用户更加便捷地为 PC 端 UI 设计和游戏 UI 设计构建交互式 UI 设计。

### 6.3.1　使用按键和游戏手柄创建交互

Adobe XD 支持使用键盘快捷键和游戏手柄作为触发条件来模拟 PC 端应用程序并构建丰富的交互式 UI 设计。

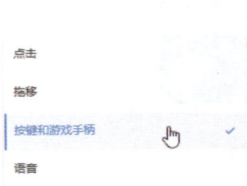

图 6-52　选择"按键和游戏手柄"选项

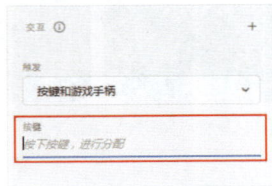

图 6-53　分配按键或游戏手柄

在 Adobe XD 的"原型"模式下链接 UI 设计时，用户可以在"属性"面板的"触发"下拉列表框中选择"按键和游戏手柄"选项，如图 6-52 所示。然后在"按键"文本框中为触发条件分配键盘快捷键或游戏手柄，如图 6-53 所示。

设置完成后，用户可以在预览窗口、Web 浏览器或移动应用程序中播放或录制这些动画，与移动 UI 项目团队分享录制的交互动画，便于团队之间进行协作审阅。这一过程可以帮助用户优化和完善移动 UI 项目的整体用户体验。

#### 1. 使用键盘触发条件

选择"按键和游戏手柄"作为触发条件后，用户可以按键盘上的任意键将其指定为单个对象、某个组件状态或整个画板的触发条件。这表示在 Adobe XD 中，同一画板内可以使用多个触发条件。

用户还可以将按键和修饰符组合，例如将【Ctrl+R】组合键作为快捷键定义为触发条件。但是使用快捷键作为触发条件时，需要注意不能使用空格键、功能、睡眠、音量和电源等其他系统级按键。

**提示**
在为桌面应用程序或游戏 UI 构建交互时，用户需要使用键盘与 UI 设计进行交互。考虑到这一要求，Adobe XD 引入了使用键盘快捷键作为触发条件在原型中跨屏幕或组件状态过渡的功能。

### 2. 使用游戏手柄触发条件

使用实际的游戏控制器硬件来测试交互式游戏 UI 是优化和完善游戏 UI 用户体验的最佳方法。Adobe XD 支持使用链接的游戏手柄控制器在桌面播放器或 Web 浏览器中与游戏 UI 进行交互，并使用游戏手柄作为触发条件来构建交互式游戏 UI，以便实现跨屏幕或组件状态的过渡。

用户可以通过蓝牙或 USB 接口链接游戏手柄控制器，然后在 Adobe XD 的"原型"模式下链接游戏 UI 时，选择"按键和游戏手柄"作为触发条件。

之后，用户可以按已经链接的游戏手柄上的任意键将其指定为单个对象、某个组件状态或整个画板的触发条件。

**提示**
因为"按键和游戏手柄"触发条件主要针对的是为 PC 端 UI 设计和游戏 UI 设计构建交互式动画，因此只作为扩展知识进行简单介绍，不再进行更加细致的讲解。

## 6.3.2　使用语音命令和语音播放创建交互

与使用"拖移"或"点击"作为"触发"条件一样，用户可以使用"语音"命令来构建交互式移动 UI，并将"语音播放""音频播放"和"滚动至"选项用作触发的操作。

**提示**
如果用户要在移动 UI 设计中引入语音搜索功能，则可以使用"语音"命令和"音频播放"来实现画板之间的自动过渡。如果想要优化设计中的滚动效果，可以使用"滚动至"选项设置锚点链接并导航到画板上的特定部分。

### 1. 使用"语音"命令作为触发条件

切换到"原型"模式下，为一个对象、组件状态或画板与另一个画板添加链接，在"属性"面板中，设置"触发"选项为"语音"，如图 6-54 所示。选项下方将出现"命令"输入框，用户可以根据自己的需要输入文本形式的语音命令，如图 6-55 所示。

将触发条件设置为"语音"后，用户需要将操作类型设置为"过渡"，如图 6-56 所示。用户可在"目标"下拉列表框中选择语音操作目标，如图 6-57 所示。在"动画"文本框中设置操作动画，如图 6-58 所示。

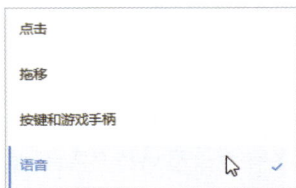

图 6-54　选择"语音"选项　　　图 6-55　输入语音命令　　　图 6-56　设置操作类型为"过渡"

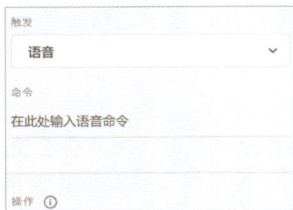

### 2. 使用"音频播放"作为操作类型

使用"音频播放"操作类型可以将 MP3 或 WAV 文件形式的音频添加到交互式移动 UI 中，例如，成功发送电子邮件后的音频确认。

要为对象或画板添加音频播放，需要切换到"原型"模式。选择元素或画板，然后在"属性"面板中单击面板顶部"交互"分组旁边的"添加交互"按钮 +，如图 6-59 所示。设置"触发"条件为"点击"，操作"类型"为"音频播放"，如图 6-60 所示。

图 6-57　设置语音操作目标　　　图 6-58　设置操作动画　　　图 6-59　添加交互

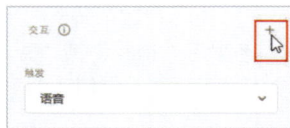

单击"音频文件"选项，打开音频文件下拉列表框，如图 6-61 所示。如果列表中包含用户需要的音频文件，单击即可应用该文件。如果没有用户所需的音频文件，可选择"添加新文件"选项，在弹出的"打开"对话框中浏览并添加音频文件，如图 6-62 所示。

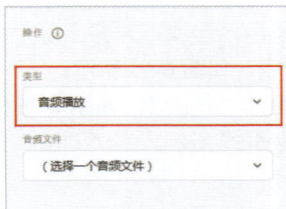

图 6-60　选择"音频播放"类型　　　图 6-61　音频文件下拉列表框　　　图 6-62　添加音频文件

> **提示**
>
> 　　为操作类型设置"音频播放"选项后，用户需要预览交互式移动 UI 设计。在预览过程中，点击相关元素或画板，即可播放添加的音频文件。

### 3. 使用"语音播放"作为操作类型

　　使用"语音播放"操作类型可将语音播放添加到交互式移动 UI 设计中。如果用户想要为构建交互的元素或画板添加语音播放，首先需要选中该元素或画板，然后在"属性"面板中设置操作类型为"语音播放"，选项下方将出现语音选项和语音文本框。如图 6-63 所示。

　　单击"语音"选项，在打开的下拉列表框中选择想要播放的语音。单击"语音"文本框，输入文本形式的语音播放内容，如图 6-64 所示。

图 6-63　设置"语音播放"操作类型　　　　　图 6-64　输入语音播放内容

### 知识链接：动效设计制作工具有哪些？

　　随着移动 UI 设计的不断发展，UI 动效越来越多地被应用于实际生活中，这也使得制作交互动效的工具大量涌现。除了本书中介绍的 Adobe XD 工具，用户还可以使用 Adobe After Effects、Adobe Animate、CINEMA 4D 和 Pixate 等工具来制作 UI 交互动效。

#### 1. Adobe After Effects

　　After Effects 简称 AE，是目前热门的交互动效设计软件。After Effects 的功能非常强大，基本上用户想要的功能都有，UI 交互动效其实只使用到了该软件中很小一部分功能，要知道很多的美国大片都是通过它来进行后期合成制作的，配合 Photoshop 和 Illustrator 等软件，更是得心应手。图 6-65 所示为 After Effects 软件的启动界面。

图 6-65　After Effects 软件的启动界面

#### 2. Adobe Animate

　　Flash 在以前互联网动画的应用中非常普遍，可以说是过去交互动画的王者，但是其缺点也非常明显，Flash 动画的播放需要有浏览器插件的支持，并且随着移动互联网的发展，Flash 动画在移动端应用的弊端愈发明显。随着 HTML 5 和 CSS 3 等新技术的崛起，Flash 目前已经基本被淘汰。

　　Adobe 为了适应 HTML 5 和 CSS 3 设计的发展趋势，在 Flash 的基础上添加了 HTML 5

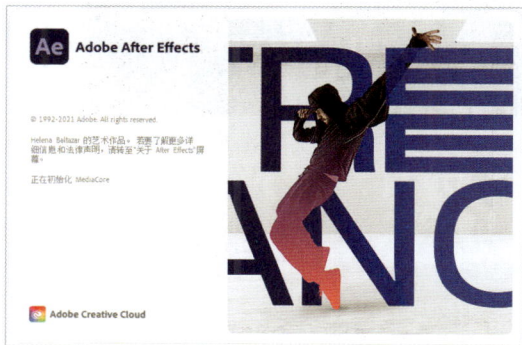

动画的新功能和新属性，从而开发了新的取代 Flash 的软件 Adobe Animate CC。图 6-66 所示为两款设计工具的启动界面。

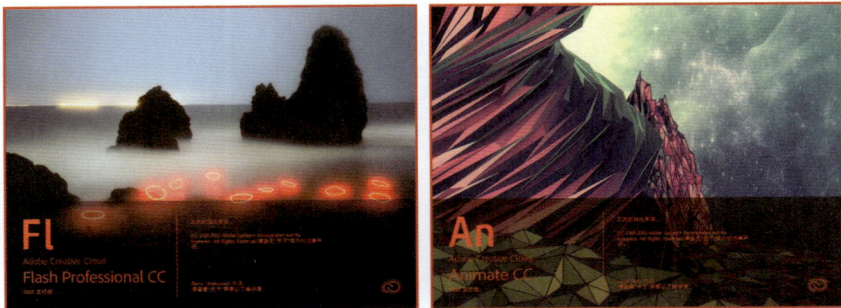

图 6-66　Flash 和 Animate 软件设计工具的启动界面

### 3. CINEMA 4D

CINEMA 4D 是近几年比较流行的一款三维动画制作软件，它拥有极高的运算速度和强大的渲染插件。

与众所周知的其他 3D 软件一样，CINEMA 4D 同样具备高端 3D 动画软件的所有功能。不同的是在研发过程中，CINEMA 4D 的工程师更加注重工作流程的流畅性、舒适性、合理性、易用性和高效性。

因此，使用 CINEMA 4D 会让用户在创作设计时感到非常轻松愉快，赏心悦目，在使用过程中更加得心应手，有更多的精力置于创作之中，即使是新用户，也会感觉 CINEMA 4D 上手非常容易。图 6-67 所示为 CINEMA 4D 软件的启动界面。

图 6-67　CINEMA 4D 软件的启动界面

### 4. Pixate

Pixate 是一款图层类交互原型设计软件，其优点是可交互、共享性强，与 Sketch 软件的结合相对比较高，同时对 Google Material Design 的支持也比较好，有许多 MD 相关预设。Pixate 软件的缺点是没有时间轴，层级管理不是非常明确，图层比较多的时候会显得非常繁杂。

## 6.4　创建定时过渡

用户可以使用"属性"面板中的"时间"触发条件、"延迟"选项和"持续时间"选项，在两个或多个画板之间创建定时过渡的交互动效。

### 6.4.1　使用"时间"触发条件创建交互

用户可以将"时间"触发条件与不同的操作类型相结合，创建一系列的交互动效，如循环动画、进度条和动画计算器等。

在"原型"模式下，选中源画板的名称并将其链接到目标画板，如图 6-68 所示。单击链接线进行查看，并在"属性"面板中设置"触发"条件为"时间"，如图 6-69 所示。

图 6-68　链接目标画板　　　　　　　图 6-69　设置"触发"条件为"时间"

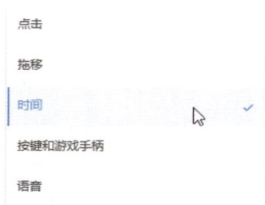

设置"延迟"时间为 0.5 秒，"缓动"方式为"渐出"，"持续时间"为 0.3 秒，如图 6-70 所示。按【Ctrl+Enter】组合键预览动画，动画效果如图 6-71 所示。

图 6-70　设置触发参数　　　　　　　图 6-71　动画预览效果

## 6.4.2　应用案例——设计制作 App 加载进度条动效

源文件：源文件 / 第 6 章 / 设计制作 App 加载进度条动效 .xd
操作视频：视频 / 第 6 章 / 设计制作 App 加载进度条动效 .mp4

**Step01** 启动 Adobe XD 并新建一个尺寸为"iPhone X、Xspro（375×812）"的文件，如图 6-72 所示。在"设计"模式下，将"素材 / 第 6 章 / 背景 .jpg"文件拖曳到新建的文件内，效果如图 6-73 所示。

**Step02** 使用"矩形"工具在画板中创建一个圆角矩形，效果如图 6-74 所示。为矩形添加"内阴影"效果，效果如图 6-75 所示。

**Step03** 继续使用"矩形"工具在画板中创建一个"填充"颜色为 #FF8307 的圆角矩形，效果如图 6-76 所示。为矩形添加"内阴影"效果，效果如图 6-77 所示。

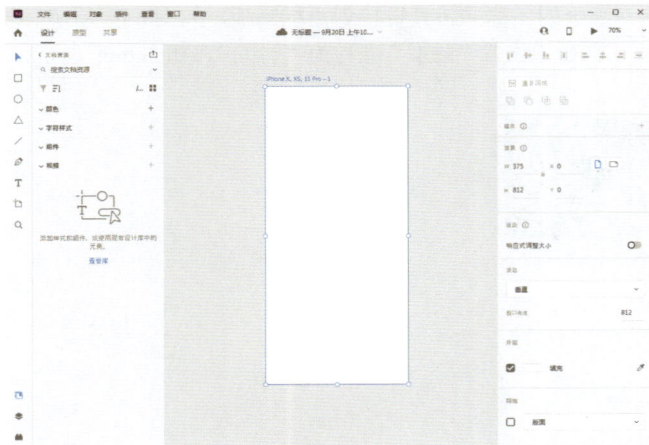

图 6-72　新建文件

图 6-73　设置背景"填充"颜色

图 6-74　创建圆角矩形

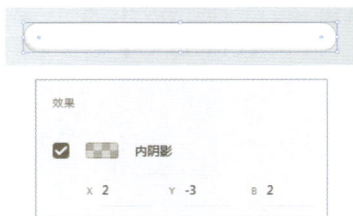

图 6-75　添加"内阴影"效果

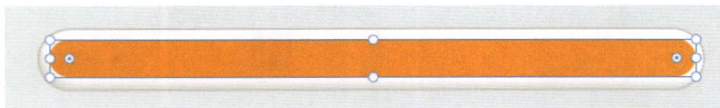

图 6-76　创建圆角矩形

图 6-77　为矩形添加内阴影

**Step04** 使用"文本"工具在画板中输入文字，效果如图 6-78 所示。按住【Alt】键并拖曳复制 4 个画板，分别修改名称为主页、主页 -1、主页 -2 和主页 -3，如图 6-79 所示。

**Step05** 选中"主页"画板，拖曳调整圆角矩形的宽度，如图 6-80 所示。选中"主页 -1"画板，拖曳调整圆角矩形的宽度并修改文本内容，效果如图 6-81 所示。

图 6-78　输入文字

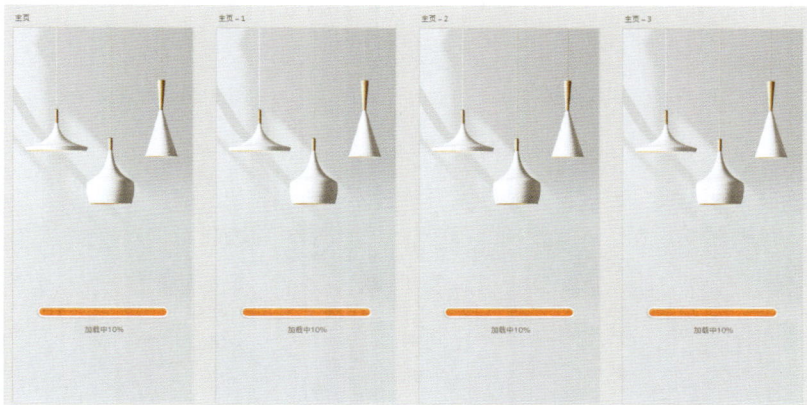

图 6-79　复制画板并修改画板名称

图 6-80　调整圆角矩形宽度

图 6-81　调整圆角矩形宽度和文本内容

Step06 继续使用相同的方法调整"主页 -2"和"主页 -3"中的矩形和文本，效果如图 6-82 所示。

图 6-82　调整"主页 -2"和"主页 -3"中的矩形和文本

Step07 切换到"原型"模式，单击"主页"画板名称选中该画板，拖曳画板右侧链接手柄到"主页 -1"画板上，创建链接，如图 6-83 所示。设置"属性"面板中的交互参数，如图 6-84 所示。

Step08 使用相同的方法，依次创建"主页 -1"到"主页 -2"，"主页 -2"到"主页 -3"的链接，并设置交互参数，如图 6-85 所示。

Step09 按【Ctrl+Enter】组合键预览交互效果，观察页面加载进度条动画效果，如图 6-86 所示。

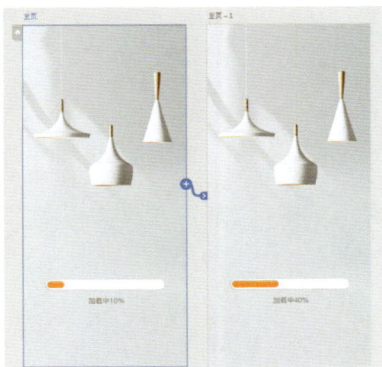

图 6-83 创建链接

图 6-84 设置交互参数

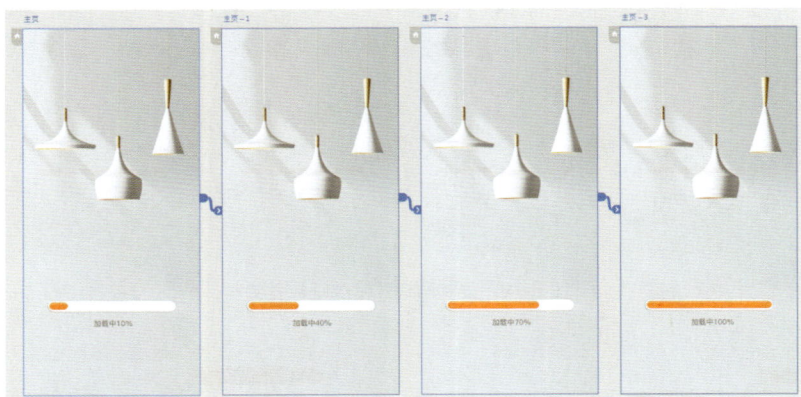

图 6-85 创建链接并设置参数

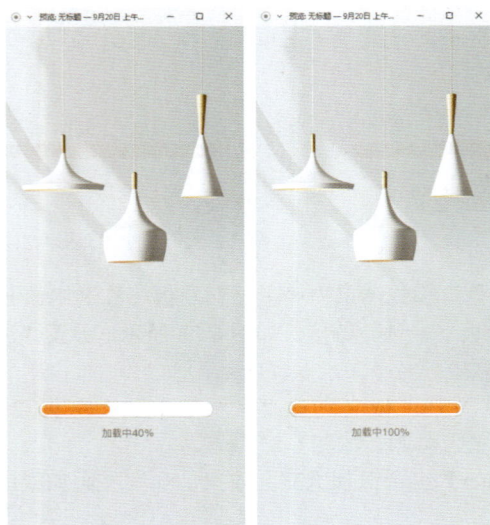

图 6-86 页面加载进度条效果

## 6.5  添加叠加

Adobe XD 允许用户将一个画板中的所有内容堆叠在另一个画板上，模拟移动 UI 设计中的下拉列表框和上滑键盘等交互动效。

### 6.5.1  使用"叠加"操作类型创建交互

在"设计"模式中，创建一个画板并将需要叠加显示的内容放置在新创建的画板中。此叠加画板可以多次重复使用。

在"原型"模式中，将链接器从源画板拖曳到包含叠加内容的画板上，使两个画板建立链接，如图 6-87 所示。单击链接器，在"属性"面板中设置操作"类型"为"叠加"，即可构建叠加的交互效果，如图 6-88 所示。

图 6-87　为两个画板建立链接

图 6-88　设置交互参数

### 6.5.2  应用案例——设计制作 App 搜索界面的交互动效

源文件：源文件 / 第 6 章 / 设计制作 App 搜索界面的交互动效 .xd
操作视频：视频 / 第 6 章 / 设计制作 App 搜索界面的交互动效 .mp4

**Step01** 打开"素材 / 第 6 章 /503.xd"文件，效果如图 6-89 所示。按住【Alt】键的同时使用"选择"工具拖曳复制画板并删除画板中的内容，如图 6-90 所示。

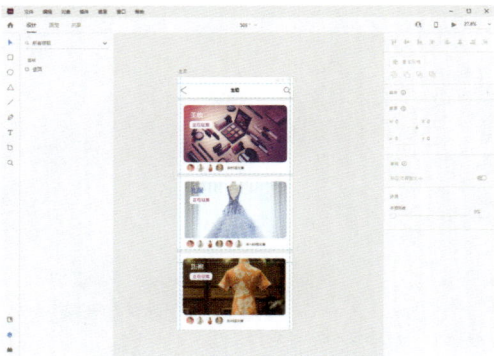

图 6-89　打开素材文件

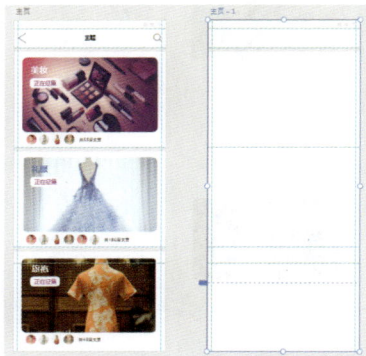

图 6-90　复制画板并删除内容

**Step02** 修改复制后的画板名称为"搜索主题文章"，使用"矩形"工具和"文本"工具制作顶部搜索栏，如图 6-91 所示。使用"直线"工具制作关闭按钮并复制放大镜图标，效果如图 6-92 所示。

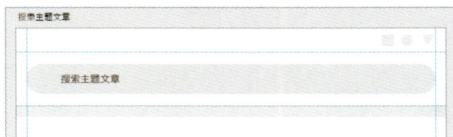

图 6-91　制作顶部搜索栏

图 6-92　制作关闭按钮并复制放大镜图标

**Step03** 使用"画板"工具在工作区域创建一个尺寸为 1080px×900px 的画板，修改画板名称为"键盘"，如图 6-93 所示。将"素材 / 第 6 章 / 素材 .jpg"图片素材拖曳到新创建的画板中，如图 6-94 所示。

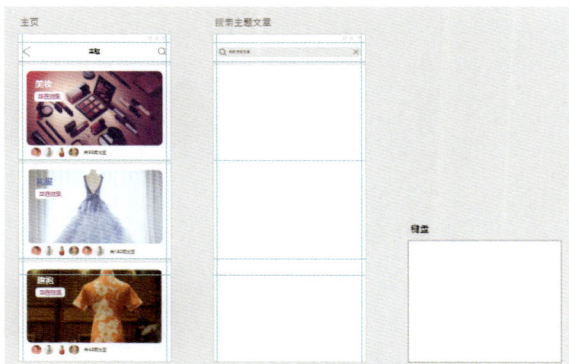

图 6-93　创建"键盘"画板

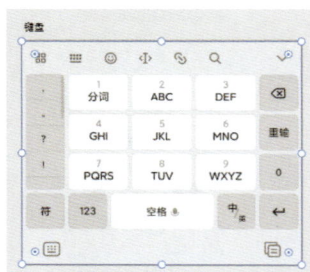

图 6-94　拖曳图片到画板

**Step04** 切换到"原型"模式，选中"主页"画板右上角的放大镜图标，拖曳右侧链接器到"搜索主题文章"画板上建立链接，如图 6-95 所示。在"属性"面板中设置交互参数，如图 6-96 所示。

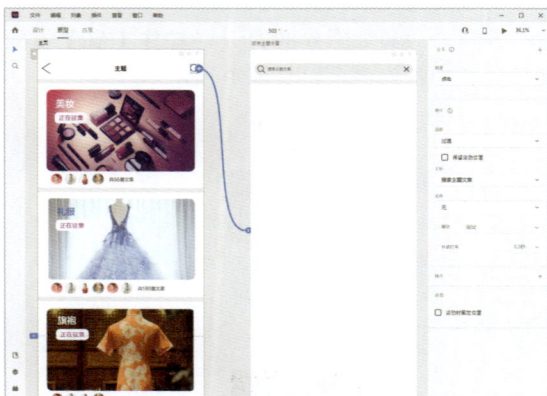

图 6-95　为放大镜图片建立链接

图 6-96　设置交互参数

**Step05** 选中"搜索主题文章"画板，拖曳右侧链接器到"键盘"画板上建立链接，如图 6-97 所示。在"属性"面板中设置"触发"选项和"类型"选项，如图 6-98 所示。

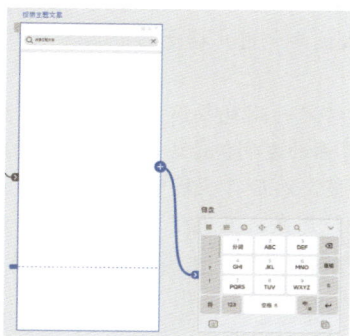

图 6-97　建立链接

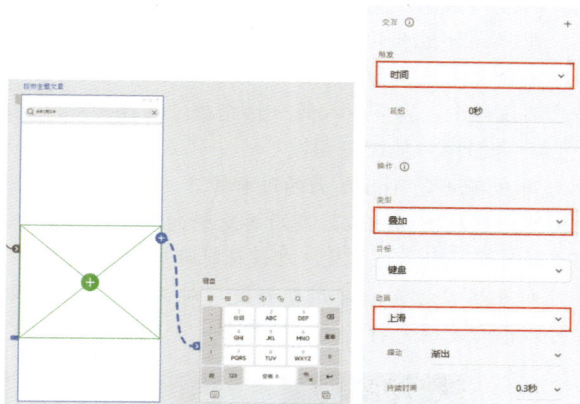

图 6-98　设置"属性"面板中的参数

**Step06** 选择"主页"画板，按【Ctrl+Enter】组合键预览交互动画，单击右上角的放大镜图标，交互动画效果如图 6-99 所示。

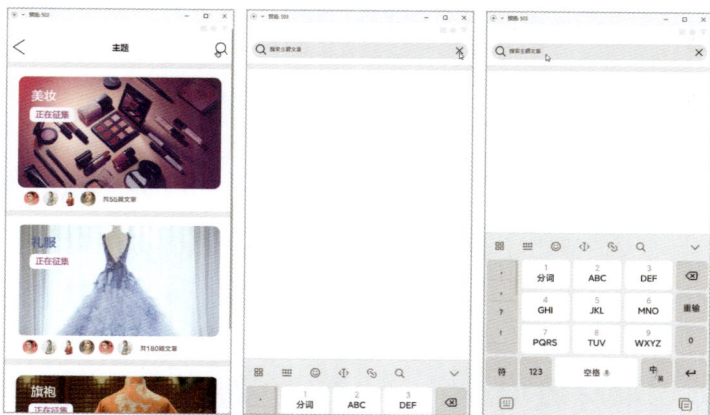

图 6-99　预览搜索界面交互动画效果

### 知识链接：交互设计需要遵循的习惯

在为移动 UI 设计交互时，可以充分发挥个人的想象力，使界面在方便操作的前提下更加美观和易用。但是无论怎么设计，都要遵循用户的一些习惯，如地域文化、操作习惯和心理认知等，将自己化身为用户，找到用户的习惯是非常重要的。下面将分析哪些方面需要遵循用户的习惯。

#### 1. 遵循用户的文化背景

一个群体或民族的习惯是需要遵循的，如果违反了这种习惯，产品不但不会被接受，还可能使产品形象大打折扣。

#### 2. 用户群的人体机能

不同的用户群的人体机能也不相同，例如老人一般视力下降，需要较大的字体；

盲人需要在触觉和听觉上着重设计。不考虑用户群的特定需求,任何一款产品都注定会失败。

### 3.坚持以用户为中心

用户设计出来的产品通常是要被其他人使用的,所以在设计时,要坚持以用户为中心,充分考虑用户的要求,而不是以用户本人的喜好为主。将自己模拟为用户,融入整个产品设计中,摒弃个人的一切想法,这样才可以设计出被广大用户接受的产品。

### 4.遵循用户的浏览习惯

用户在浏览 App 界面的过程中,通常都会形成一种特定的浏览习惯。例如首先会横向浏览,然后下移一段距离后再次横向浏览,最后会在界面的左侧快速纵向浏览。这种已形成的习惯一般不会更改,在设计时最好先遵循用户的习惯,然后再从细节上超越。

越来越多的 App 应用开始使用对话框或者气泡的设计形式来呈现信息,这种设计形式可以很好地避免打断用户的操作,并且更加符合用户的行为习惯,如图 6-100 所示。

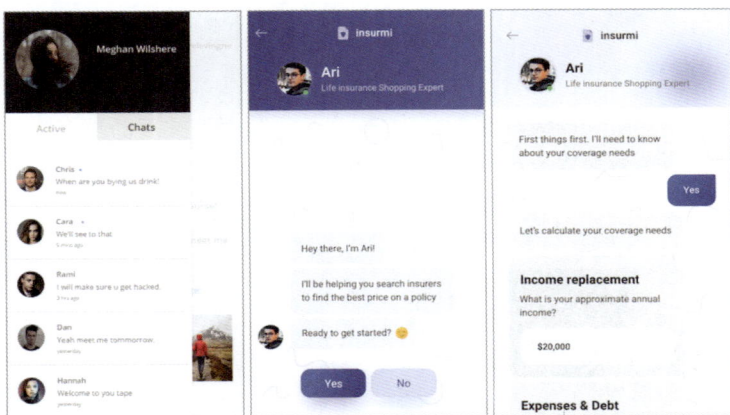

图 6-100　对话框和气泡形式

## 6.6　创建锚点链接

用户可以通过在 Adobe XD 中为元素创建锚点链接,使画板上的特定内容以滚动的方式呈现在使用者眼前。

> **提示**
>
> 为 App 界面设计长页面表单或长文本文章时,为该界面的导航添加锚点链接可以简化导航的搜索过程,并提升 UI 设计的可用性。

在"设计"模式下,将想要单独展示的内容根据分类进行编组,编组完成后为每个图层组命名,如图 6-101 所示。

切换到"原型"模式,在画板上选择要添加锚点链接的对象,按下鼠标左键并向下拖曳对象右侧边线中间的链接手柄,将链接手柄移至关联的内容编组区域上方,松开鼠标左键建立锚点链接，如图 6-102 所示。

　　为画板中每一个想要添加锚点链接的对象建立链接，单击链接线可以查看"属性"面板中的交互参数。根据需求设置参数后，即完成锚点链接的创建，如图 6-103 所示。

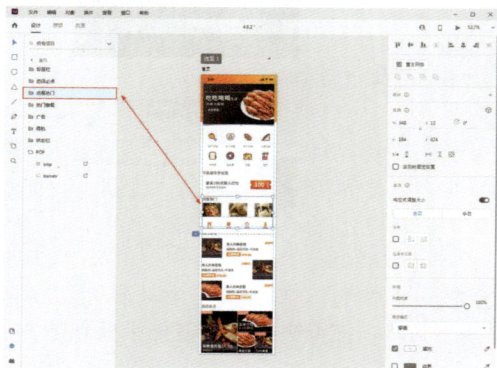

图 6-101　编组并命名　　　　图 6-102　创建锚点　　　图 6-103　设置参数
　　　　　　　　　　　　　　　　　　链接

## 应用案例——设计制作 App 页面栏目锚点链接

源文件：源文件 / 第 6 章 / 设计制作 App 页面栏目锚点链接 .xd
操作视频：视频 / 第 6 章 / 设计制作 App 页面栏目锚点链接 .mp4

**Step01** 打开"素材 / 第 6 章 /531.xd"文件，效果如图 6-104 所示。拖曳选中页面中的"晒茶"区域元素，按【Ctrl+G】组合键编组并在"图层"面板中修改组名为"晒茶"，如图 6-105 所示。

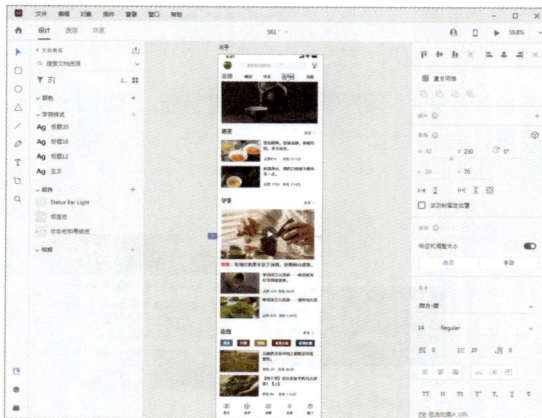

图 6-104　打开素材文件　　　　　　　图 6-105　为元素编组并命名

**Step02** 继续使用相同的方法，分别将页面中的"学茶""茶学问"和"话题"区域编组并重命名，如图 6-106 所示。切换到"原型"模式，选中页面顶部的"晒茶"文本，拖曳文本右侧链接手柄到下方的"晒茶"组上，如图 6-107 所示。

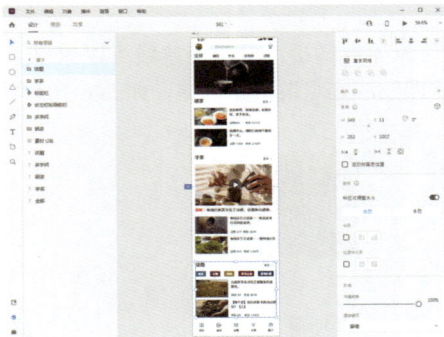

图 6-106　对其他元素编组

图 6-107　创建链接

**Step03** 在右侧"属性"面板中设置触发条件为"点击"，操作类型为"滚动至"，其他参数设置如图 6-108 所示。继续选中"学茶"文本，拖曳文本右侧链接手柄到下方的"学茶"组上，如图 6-109 所示。

图 6-108　设置交互参数

图 6-109　继续创建文本链接

**Step04** 使用相同的方法分别为"茶学问"和"话题"文本创建链接，如图 6-110 所示。按【Ctrl+Enter】组合键预览交互效果，单击页面顶部的导航文字，即可跳转到链接位置，如图 6-111 所示。

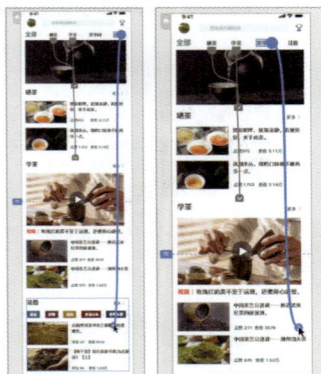

图 6-110　创建文本链接

图 6-111　预览交互效果

## 6.7　预览 UI 设计

　　完成交互式移动 UI 设计后，用户能够直接且精确地预览其交互动效。在实时预览过程中发现任何交互效果或视觉设计不尽如人意，用户可迅速返回 Adobe XD 环境，轻松调整视觉元素或优化交互动效，以此达到完善和提升移动 UI 设计与交互动效设计的目的。

### 6.7.1　预览交互动效

　　完成移动 UI 设计与交互动效后，单击软件界面顶部"模式栏"右侧的"桌面预览"按钮 ▶ 或按【Ctrl+Enter】组合键，打开"预览＋文件名称"的预览界面，如图 6-112 所示。

　　在"预览"界面中，单击建立链接的元素或画板，"预览"界面将播放设置好的过渡动画和缓动动画，如图 6-113 所示。如果用户在 Adobe XD 中对移动 UI 设计进行了更改，"预览"界面中的移动 UI 设计将会立即更新。

图 6-112　"预览"界面

图 6-113　预览交互效果

> **提示**
>
> 　　"预览"界面显示了当前选定对象的画板，如果没有选择对象，打开的"预览"界面会显示移动 App 的"主页"画板。

### 6.7.2　预览"语音"命令下的交互动效

　　当用户为移动 UI 设计设定了"语音"作为触发条件后，在"预览"界面中，用户只需持续按住空格键并重复说出预设的语音命令，即可即时预览该移动 UI 界面的交互动效。

## 6.8 总结拓展

UI 交互设计是指通过设计用户与产品之间的交互方式，来提高产品的易用性、满意度和用户体验。它涵盖了用户界面的布局、元素设计、交互逻辑等多个方面，旨在让用户能够高效、顺畅地使用产品。

### 1. 本章小结

本章主要介绍了为 App 界面添加交互动效的各种方法。通过对"原型"模式下"属性"面板相关参数的学习，读者需要理解不同触发条件和操纵类型的区别和联系，掌握添加交互、自动制作动画、使用其他方式构建交互、创建定时过渡、添加叠加、创建锚点链接和预览 UI 设计等相关知识。

### 2. 拓展案例——设计制作一款电子商务 App UI

参考本章所学内容，尝试设计制作一款电子商务 App UI 效。在充分考虑 UI 设计规范的同时，尝试为页面添加丰富的交互动效。

## 6.9 课后测试

完成本章内容学习后，接下来通过几道课后习题，测验读者学习 Adobe XD 设计制作页面交互的学习效果，同时加深对所学知识的理解。

### 一、选择题

1. 在 Adobe XD 中制作交互动效，需要切换到（    ）模式。

    A. 交互           B. 模型           C. 原型           D. 共享

2. 在链接画板和元素之前，应为工作区域中的每一个画板和元素设置独一无二的（    ）。

    A. 尺寸           B. 颜色           C. 名字           D. 位置

3. 在多个交互流程下，Adobe XD 只允许画板与画板建立链接，且交互流程中的链接线显示为（    ）。

    A. 红色           B. 蓝色           C. 绿色           D. 黑色

4. 下拉交互触发条件中，只能应用一次的是（    ）。

    A. 点击                        B. 语音

    C. 按键和游戏手柄            D. 以上都可以

5. 为移动 UI 设计设定了"语音"作为触发条件后，在"预览"界面中，用户只需持续按住键盘上的（    ）并重复说出预设的语音命令，即可即时预览该移动 UI 界面的交互动效。

    A. Enter 键         B. Y 键         C. 空格键         D. N 键

### 二、判断题

1. 在预览移动 UI 设计时，如果没有指定画板，将从"主页"屏幕开始预览。（    ）

2. 用户在创建交互式 UI 设计时，只能选择定义和创作单个交互流程。（    ）

3. 为 App 界面设计长页面表单或长文本文章时，为该界面的导航添加锚点链接可以

简化导航的搜索过程，并提升 UI 设计的可用性。（　　　）

4. 用户要在移动 UI 设计中引入语音搜索功能，可以使用"语音"命令和"音频播放"来实现画板之间的自动过渡。（　　　）

5. 用户在 Adobe XD 中对移动 UI 设计进行了更改，"预览"界面中的移动 UI 设计不会立即更新。（　　　）

### 三、创新题

根据本章前面所学习和了解到的知识，设计制作一款运行在鸿蒙系统的皮影 App UI 并添加交互动效，具体要求和规范如下：

- 内容 / 题材 / 形式。

以推广传统皮影艺术为题材的 App 产品。

- 设计要求。

以展示皮影艺术为主要目的，界面精致漂亮，结构大胆创新并符合国风主题风格，符合鸿蒙系统规范要求。

# 第 7 章
## 输出和标注 UI 设计

鉴于移动端设备的分辨率各异，为确保移动 UI 设计能在不同系统及分辨率的设备上正确展示，用户需将设计图稿适配至各类设备。完成设计后，还需对设计稿进行标注和共享，以便团队成员顺利推进移动 App 项目的开发与完善工作。本章将针对移动 UI 设计中界面元素的输出和标注方法进行讲解。

**知识目标**

- 掌握 Adobe XD 输出设计资源的方法。
- 掌握适配不同界面尺寸的方法和技巧。

**能力目标**

- 具备快速、准确地输出设计稿并进行标注的能力。
- 具备准确标注设计元素位置和尺寸的能力。

**素质目标**

- 了解切片资源的输出方法，提升学生的专业素养和竞争力。
- 掌握标注工具的使用，培养学生持续学习和创新的能力。

## 7.1 使用 Adobe XD 输出设计资源

在 Adobe XD 中完成 App 产品 UI 设计后，用户可以将 UI 设计中的图像、图标、背景图案和文本导出为 PNG、SVG、JPG 或 PDF 格式的切片资源，这些切片资源可以帮助开发人员快速完成 iOS 系统和 Android 系统应用程序的 App 结构部署。

### 7.1.1 导出切片资源

开发人员利用 Swift 或 Java 等计算机语言，在 iOS 和 Android 应用程序中搭建 UI 设计内容时，所需的图片资源被称为切片资源。

选择画板中要导出的对象、组、组件或画板，如图 7-1 所示。执行"文件 > 导出"命令，打开"导出"子菜单，子菜单中包含批处理、所选内容、所有画板和 After Effects

共 4 个命令，如图 7-2 所示。选择任一子菜单，即可导出对应的切片资源。

图 7-1　选中要导出的元素

图 7-2　"导出"子菜单

### 1. 批处理

选中 Adobe XD 中想要导出的对象，确定其"属性"面板底部的"添加导出标记"复选框为选中状态，如图 7-3 所示。

逐一选中画板中想要导出的对象并为其添加导出标记后，执行"文件 > 导出 > 批处理"命令或按【Shift+Ctrl+E】组合键，弹出"导出资源"对话框，如图 7-4 所示。

图 7-3　选择"添加导出标记"复选框

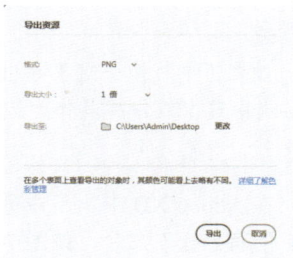

图 7-4　"导出资源"对话框

用户可以在"格式"下拉列表框中选择导出资源的格式，如图 7-5 所示。在"导出大小"下拉列表框中选择导出资源的倍率，如图 7-6 所示。

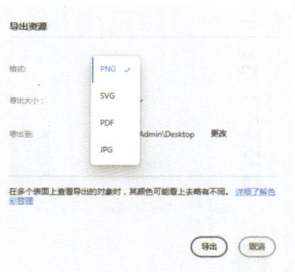

图 7-5　选择导出资源的格式

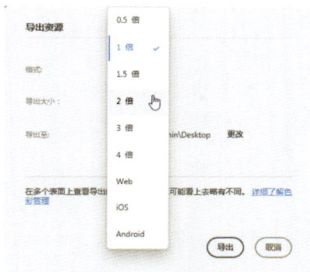

图 7-6　选择导出资源的倍率

单击"导出至"选项后的"更改"链接，为导出资源指定存储地址后，单击右下角的"导出"按钮，即可将添加了导出标记的对象导出到指定的文件夹中。

导出资源的文件名将与 Adobe XD 中元素的名称相同。

### 2. 所选内容

选择画板中想要导出的一个对象、组或组件，执行"文件 > 导出 > 所选内容"命令或按【Ctrl+E】组合键，如图 7-7 所示。

在弹出的"导出资源"对话框中设置导出资源的导出格式、导出大小和存储位置后，单击右下角的"导出"按钮，即可将选中的元素导出到指定文件夹中，如图 7-8 所示。

图 7-7　选中元素并执行导出所选内容命令

图 7-8　导出单个切片资源

如果想要将多个对象导出为一个资源，用户必须在导出之前将多个对象编为一组，然后选中这个组，将其作为选中内容进行导出操作。

### 3. 所有画板

在 Adobe XD 中，用户可以将画板导出为图片，用作展示 UI 效果。执行"文件 > 导出 > 所有画板"命令，如图 7-9 所示。

在弹出的"导出资源"对话框中设置导出图片的格式、倍率和存储地址后，单击右下角的"导出所有画板"按钮，即可将项目中的所有画板导出，效果如图 7-10 所示。

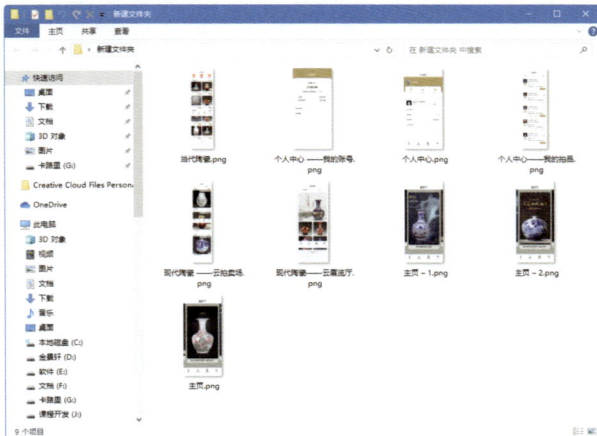

图 7-9　选择"所有画板"命令

图 7-10　导出移动 App 项目中的所有画板

**提示**

导出的切图资源名称将使用 Adode XD 中画板的名称。

### 4. After Effects

使用 After Effects 可以制作 App UI 中的各种交互动效。在画板中选择要导出到 After Effects 中的一个或多个元素，执行"文件 > 导出 >After Effects"命令或按【Ctrl+Alt+F】组合键，如图 7-11 所示。即可将选中元素导出到 After Effects 软件中，如图 7-12 所示。用户可在该软件中对选中元素进行更加详细的动效设置。

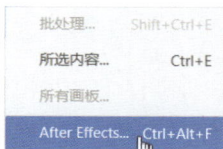

图 7-11　选择"After Effects"命令

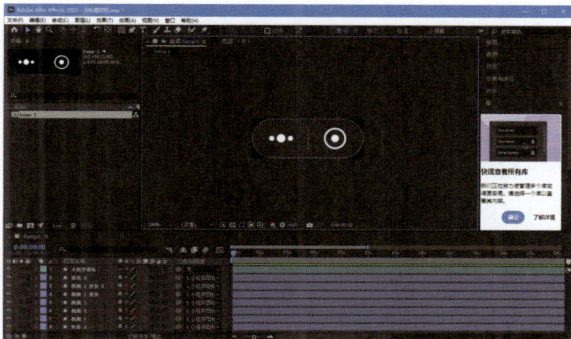

图 7-12　导出元素到 After Effects 中

**提示**

用户的计算机中必须存在安装好的 After Effects 软件，才可以将 Adobe XD 中的选中元素导入到 After Effects 中。如果未安装 After Effect 软件，该选项将显示为灰色。

## 7.1.2　不同格式的切片资源

Adobe XD 为用户提供了 4 种资源导出格式。用户可以根据移动 App 项目团队的要求，将切片资源导出为 PNG、SVG、PDF 和 JPG 格式中的任意一种或多种。

### 1. PNG

在"导出资源"对话框中选择导出资源为 PNG 格式时，用户可以在"导出大小"选项中选择将切片资源导出为 Web、iOS 或 Android 平台所用图片尺寸，如图 7-13 所示。选择 Web 选项，切片资源将被导出为 1X 和 2X 的 PNG 格式图像，如图 7-14 所示。

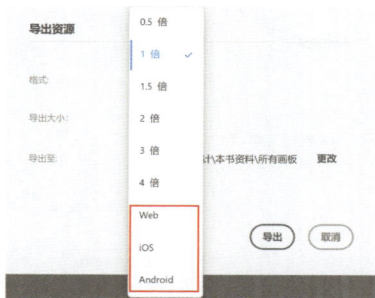

图 7-13　导出格式为 PNG

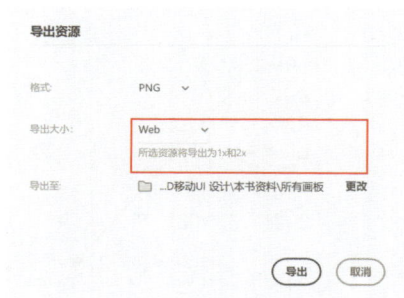

图 7-14　导出应用到 Web UI 的资源大小

选择 iOS 选项，切片资源将被导出为 1X、2X 和 3X 的 PNG 格式图像，如图 7-15 所示。选择 Android 选项，切片资源将被导出为 idpi、mdpi、hdpi、xhdpi、xxhdpi 和 xxxhdpi 的 PNG 格式图像，如图 7-16 所示。

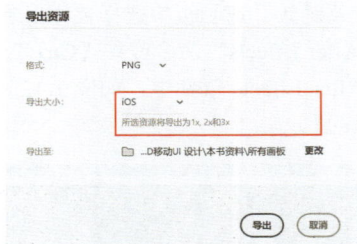

图 7-15　选择 iOS 选项

图 7-16　选择 Android 选项

设置完成后，单击对话框右下角的"导出"或"导出所有画板"按钮，即可将元素或画板导出为 PNG 格式的位图图像。

**2. SVG**

在打开的"导出资源"对话框中选择导出资源为 SVG 格式时，用户可为导出资源设置样式、保存图像和文件大小等参数，如图 7-17 所示。

1）样式

选择"演示文稿属性"样式，Adobe XD 将对每个 SVG 标记上的单独样式属性使用单独的 XML 属性。导出 Android Studio 中的 SVG 资源需要使用此格式。

选择"内部 CSS"样式，切片资源使用带 CSS 类的单个样式标记，并在具有相同样式的各个对象之间共享样式参数，从而生成较小的文件。

2）保存图像

选择"嵌入"方式保存文件，资源图像将会编码到 SVG 文件中；选择"链接"方式保存图像，资源图像将单独存储并引用 SVG 文件。

设置完成后，单击对话框右下角的"导出"或"导出所有画板"按钮，即可将元素或画板导出为 SVG 格式的位图图像。

**3. PDF**

在打开的"导出资源"对话框中选择导出资源为 PDF 格式时，用户可将所选切片资源另存为单个 PDF 文件或多个 PDF 文件，如图 7-18 所示。

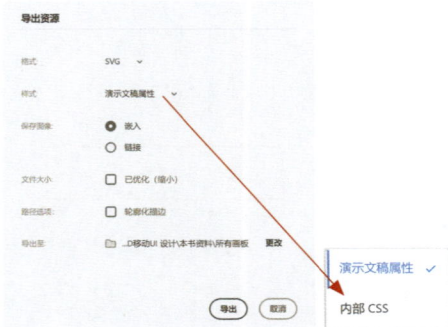

图 7-17　设置导出格式为 SVG

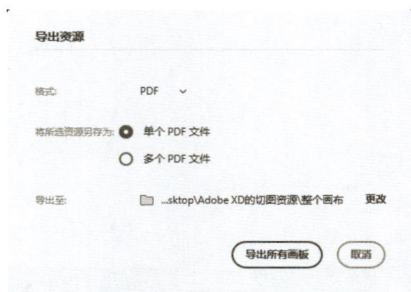

图 7-18　设置导出格式为 PDF

选中"单个 PDF 文件"单选按钮后，用户可将选择的多个元素或画板导出为一个 PDF 文件，如图 7-19 所示。选中"多个 PDF 文件"单选按钮，用户可将选择的多个元素或画板分别导出为不同的 PDF 文件，Adobe XD 会为每个选定的元素或画板创建独立的 PDF 文件，如图 7-20 所示。

图 7-19　导出"单个 PDF 文件"

图 7-20　导出"多个 PDF 文件"

设置完成后，单击对话框右下角的"导出"或"导出所有画板"按钮，即可将元素或画板导出为 PDF 格式的单个或多个文件。

### 4. JPG

在打开的"导出资源"对话框中选择导出资源为 JPG 格式时，用户可为导出资源设置品质、导出大小和导出地址等参数，如图 7-21 所示。

设置完成后，单击对话框右下角的"导出"或"导出所有画板"按钮，即可将元素或画板导出为 JPG 格式的位图图像。

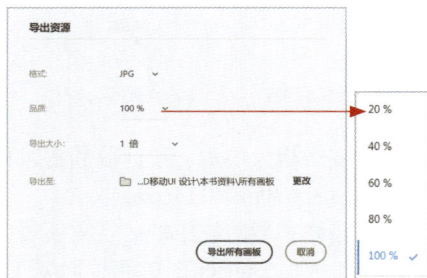

图 7-21　设置导出格式为 JPG

## 7.2　输出 iOS 系统的 UI 设计

iOS 设备的屏幕尺寸各不相同，如何让一款 App 能同时在多个不同尺寸的设备上正确显示，是用户着重考虑的内容。

在实际的 UI 设计工作中，用户通常只需要设计一套基准设计图，然后再适配多个分辨率的设备即可。例如选择 iPhone 6/7/8 的尺寸 750px×1334px 作为中间尺寸和基准，向下适配 iPhone SE（640px×1136px），向上适配 iPhone 6/7/8 Plus（1242px×2208px）和 iPhone X（1125px×2436px），如图 7-22 所示。

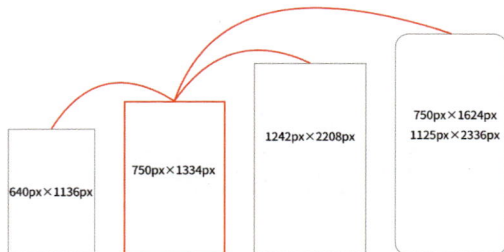

图 7-22　适配多个分辨率的设备

### 7.2.1 iOS 系统向下和向上适配

750px×1334px 和 640px×1136px 两个尺寸的界面都使用 @2x 的像素倍率，所以它们的切片大小是完全相同的，即系统图标、文字和高度都无须适配，只需要适配宽度即可。

打开一款移动 App 设计稿，其设计尺寸为 750px×1134px，如图 7-23 所示。调整画板大小为 640px×1136px，如图 7-24 所示。

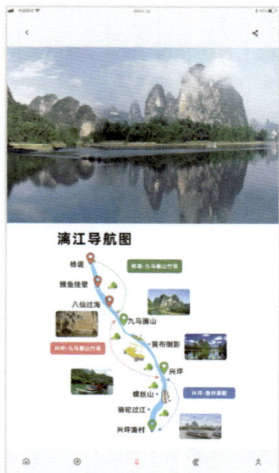

图 7-23　某款移动 App 设计尺寸

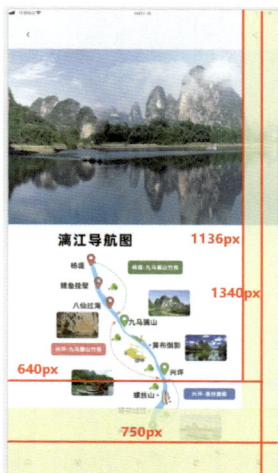

图 7-24　调整画板大小

改变画板大小后，设计稿的右边和下边都被裁切，蓝色蒙版部分即为被裁切部分。画板缩小为 640px×1136px。

状态栏和导航栏中的内容重新居中，效果如图 7-25 所示。由于 750px/640px 的比值为 1.17，因此 Banner 图的高度除以 1.17 后居中，宽度为 640px，如图 7-26 所示。如果 App 界面中包含入口图标，那么需要将其向左移动，保持两侧边距一致，并使图标的间距等宽。

图 7-25　适配导航栏

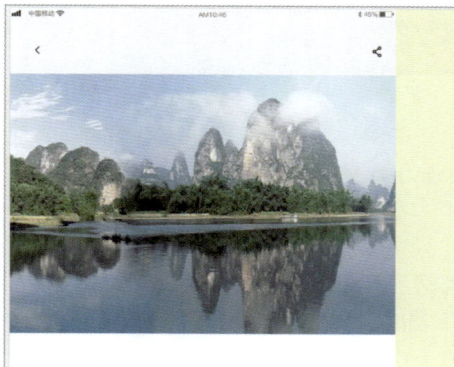

图 7-26　适配 Banner 图

继续使用相同的方法对设计稿下部分的图片和文字进行适配，适配前后的对比效果如图 7-27 所示。

（750px×1334px）　　　　　　　（640px×1136px）

图 7-27　适配 iPone SE 对比效果

　　向上适配需要适配两种尺寸：**iPhone 6/7/8 Plus** 和 **iPhone X**，本节主要讲解 **iPhone 6/7/8 Plus** 的适配。

　　iPhone 6/7/8 Plus 的尺寸为 1242px×2208px，为 3 倍的像素倍率，也就是说 1242px×2208px 界面上所有元素的尺寸都是 750px×1334px 界面上元素的 1.5 倍，在进行适配时，直接将界面的图像大小变为原来的 1.5 倍，再调整画板大小为 1242px×2208px，最后调整界面图标和元素的横向间距大小，即可完成适配。

　　首先，将 750px×1334px 的画板尺寸调整为 150%，也就是 1125px×2001px，设计稿中的图片跟随画板尺寸变化增大为原尺寸的 150%。调整前后的对比效果如图 7-28 所示。

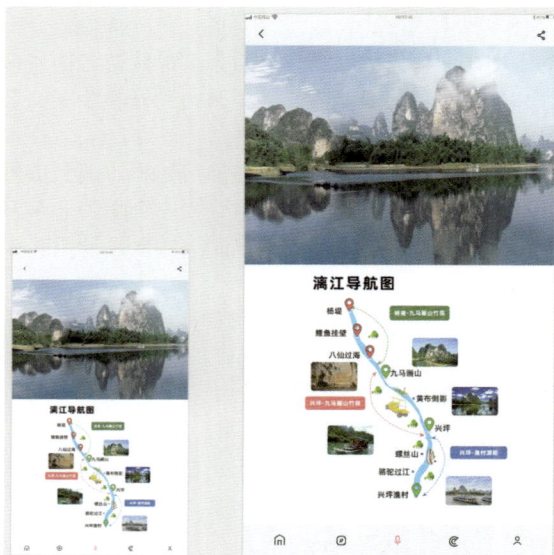

（750px×1334px）　　　　　　　（1125px×2001px）

图 7-28　图像大小调整为 1.5 倍前后的效果

接下来，将 1.5 倍的 1125px×2001px 画板尺寸调整为 1242px×2208px。

状态栏和导航栏内容居中，由于 1245px/750px 的比值为 1.65，因此 Banner 图的高度除以 1.65 后居中，宽度为 1242px。中间的内容向右移动，保持两侧边距一致，并使图标的间距等宽，适配对比效果如图 7-29 所示。同时，还需要注意页面中的装饰线和分割线保持为 1px。

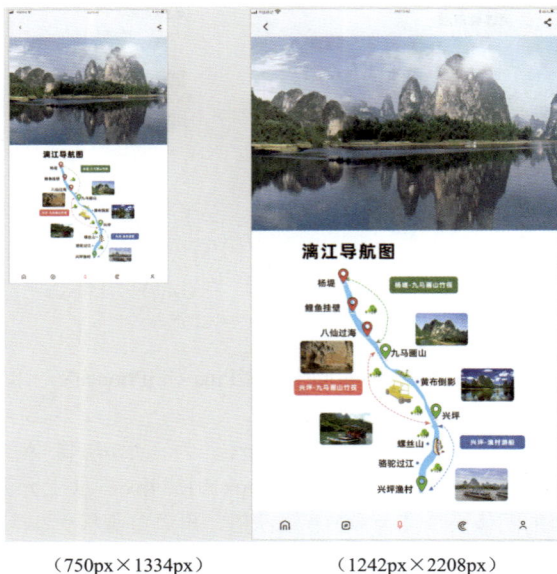

（750px×1334px）　　　（1242px×2208px）

图 7-29　适配 iPhone6/7/8 Plus 对比效果

## 7.2.2　适配切片命名规范

一款 App 产品的落地，必将先经过需求分析、产品定位、项目拟定、功能分析、原型交互设计、UI 设计和输出设计稿等步骤，接下来再到开发步骤。开发之前，切图和标注是设计与开发人员经过沟通完成的步骤之一。

对于移动 App 项目来说，产品的优化迭代是必经过程。遇到突发情况，例如完成了设计后，要改动某个图标，在众多的切片资源中寻找一个图片非常麻烦。因此，养成良好的命名习惯很重要，既方便产品的修改与迭代，又方便设计团队人员的沟通，以及与开发人员的沟通。

通常输出的切片都会以英文命名，其命名规范有以下 3 个原则：

（1）较短的单词可通过去掉"元音"形成缩写。

（2）较长的单词可取单词的头几个字母形成缩写。

（3）也可以运用一些约定俗成的英文单词缩写。

下面提供 3 种命名规则供用户参考使用，但是在实际的设计工作中，使用时还是要与团队成员沟通协调。

- 产品模块 _ 类别 _ 功能 _ 状态 .png。

例如：发现 _ 图标 _ 搜索 _ 点击状态 .png 可以命名为 found_icon_search_pre.png。

- 场景 _ 模块 _ 状态 .png。

- 例如：登录＿按钮＿默认状态 .png 可以命名为 login_btn_nor.png。
- 产品模块＿场景＿二级场景＿状态 .png。

例如：按钮＿个人＿设置＿默认状态 .png 可以命名为 btn_personal_set_nor.png。

输出的切片资源基本命名规范如表 7-1 所示。

表 7-1　切图基本命名规范

| 分　类 | 命　名 | 解　释 |
|---|---|---|
| 名词命名 | bg（backgrond） | 背景 |
| | nav（navbar） | 导航栏 |
| | tab（tabbar） | 标签栏 |
| | btn（button） | 按钮 |
| | img（image） | 图片 |
| | del（delete） | 删除 |
| | msg（message） | 信息 |
| | icon | 图标 |
| | content | 内容 |
| | left/center/right | 左 / 中 / 右 |
| | logo | 标识 |
| | login | 登录 |
| | register | 注册 |
| | refresh | 刷新 |
| | banner | 广告 |
| | link | 链接 |
| | user | 用户 |
| | note | 注释 |
| | bar | 进度条 |
| | profile | 个人资料 |
| | ranked | 排名 |
| | error | 错误 |
| 操作命名 | close | 关闭 |
| | back | 返回 |
| | edit | 编辑 |
| | download | 下载 |
| | collect | 收藏 |
| | comment | 评论 |
| | play | 播放 |
| | pause | 暂停 |
| | pop | 弹出 |
| | audio | 音频 |
| | viedio | 视频 |
| 状态命名 | selected | 选中 |
| | disabled | 无法点击 |
| | highlight | 点击时 |
| | default | 默认 |
| | normal | 一般 |
| | pressed | 按下 |
| | slide | 滑动 |

**提示**

用户需要注意，iOS 切片需要在命名后加上 @2x、@3x 后缀名。例如，一个首页处于正常状态下的按钮命名为 home_btn_nor@2x.png。

### 7.2.3　应用案例——完成 iOS 系统 UI 界面的切片输出

源文件：源文件 / 第 7 章 / 完成 iOS 系统 UI 界面的切片输出
操作视频：视频 / 第 7 章 / 完成 iOS 系统 UI 界面的切片输出 .mp4

**Step 01** 启动 Adobe XD 软件，打开"素材 / 第 7 章 /723.xd"文件，效果如图 7-30 所示。在"首页"画板中选中导航栏中的左侧图标，如图 7-31 所示。选择右侧"属性"面板中的"添加导出标记"复选框，如图 7-32 所示。

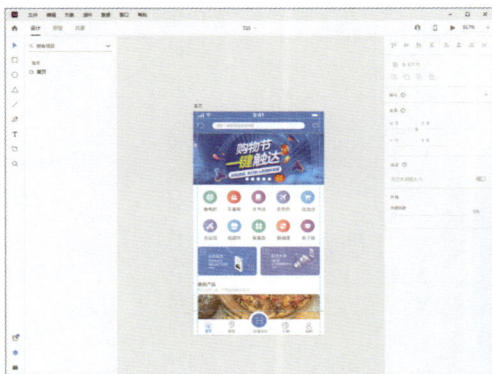

图 7-30　打开素材文件　　图 7-31　选中图标　　图 7-32　选择"添加导出标记"复选框

**Step 02** 检查所有需要导出的对象是否都选择了"添加导出标记"复选框，如果是多个对象想要作为一个对象导出，则要将这几个对象编组后，选择"添加导出标记"复选框，如图 7-33 所示。

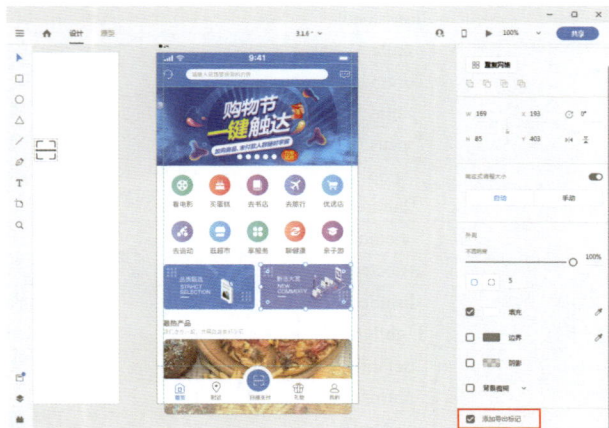

图 7-33　检查是否已选择"添加导出标记"复选框

**Step 03** 执行"文件 > 导出 > 批处理"命令，如图 7-34 所示。在弹出的"导出资源"对话框中设置参数，如图 7-35 所示。

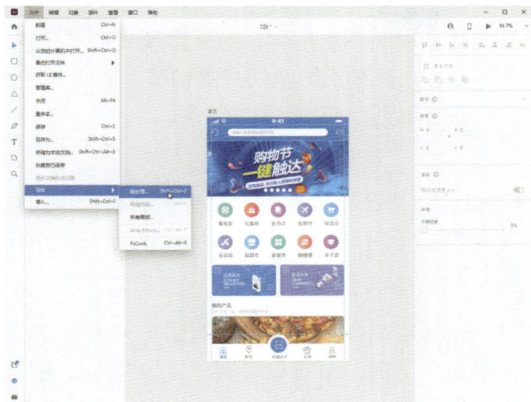

图 7-34　执行"批处理"命令

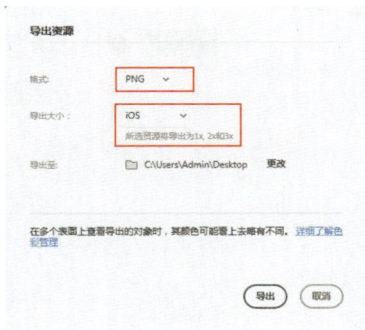

图 7-35　设置导出参数

**Step 04** 单击"导出"按钮，稍等片刻，即可完成导出操作，导出的 3 个尺寸的素材如图 7-36 所示。界面中的一些元素具有交互的多种状态，如图 7-37 所示。

图 7-36　导出适配素材

图 7-37　导出交互素材

## 7.3　输出 Android 系统的 UI 设计

由于 Android 系统的设备种类众多，用户完成移动 UI 设计后，需要保证界面能够在每个设备上正确显示。要想实现这种效果，就需要开发人员做好不同设备的适配工作，用户则要完成输出切片资源工作。

### 7.3.1　Android 系统中的"点 9"切图

"点 9"是针对 Android 开发的一种特殊的切图，"点 9"这个名称的由来是因为点 9 切图的命名后缀为".9.png"，如 :top_button.9.png。

### 1. 点 9 切片方式

Android 平台包含多种尺寸的屏幕分辨率，"点 9"就是为了适配分辨率的多样性而诞生的一种切图方式。它可以将切片纵向或者横向不断拉伸，而保留像素的精密度、质感和渐变等元素，丝毫不影响切片的细节。图 7-38 所示为微信聊天气泡应用"点 9"切图的效果。

> **提示**
>
> "点 9"切图只是在技术端进行像素点的拉伸，既能将图片完美显示在不同分辨率的屏幕上，又可以减少不必要的图片资源。

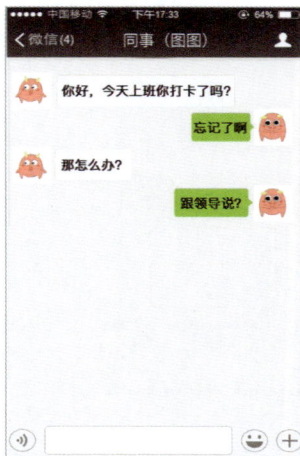

图 7-38　"点 9"切图的应用

当用户的切片资源中包含内容，而切片大小需要根据内容多少来确定尺寸时，就可以使用"点 9"方式输出切片。例如切片里有文字，切片的大小会根据文字的多少进行扩展，那么这个切片就可以使用"点 9"来做。

图 7-39 所示为对话气泡，气泡的尺寸随着内容的增加而撑开。它的上边和左边有两个黑色的小点，代表切片的上边和左边为拉伸区域。

图片的右边和下边有两条黑色的线，用来表示填充内容的区域。气泡顶部的三角形内不能有文字，因此右边的黑线并没有将三角形包含进去，填充区域如图 7-40 所示。

操作：点一个 1px×1px 的黑点
位置：切片左边和上边外部的 1 像素

图 7-39　上边和左边为拉伸区域

操作：一条高 1 像素，宽自定义的黑色线
位置：切片右边和下边外部的 1 像素

图 7-40　填充区域

在"点 9"切图中添加内容后，效果如图 7-41 所示。

如果希望图片上下拉伸，可在切片左边外，点一个黑点，设置拉伸点的位置。代表要上下拉伸水平方向的一行红色像素，如图 7-42 所示。

如果希望图片左右拉伸，可在切片上边外，点一个黑点，设置拉伸点的位置。代表要左右拉伸垂直方向的一行红色像素，如图 7-43 所示。

图 7-41　添加内容效果

图 7-42　上下拉伸

图 7-43　左右拉伸

如果在切图顶部三角形的两侧都添加一个黑点，如图 7-44 所示，图片拉伸效果如图 7-45 所示。

"点 9"切图在 Android 系统中的应用方式非常多，图 7-46 所示为应用"点 9"切图完成的标签文本框。

图 7-44　添加黑点

图 7-45　拉伸效果

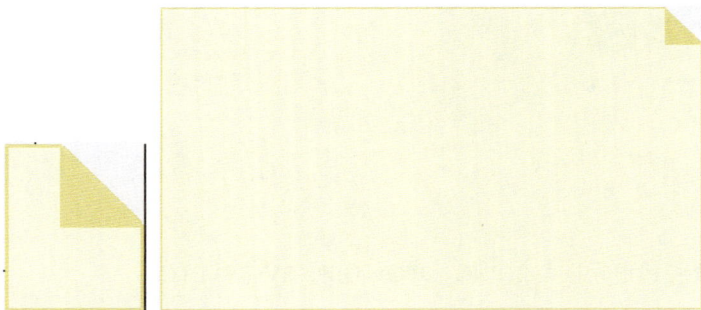

图 7-46　应用"点 9"切图完成的标签文本框

**提示**

　　"点 9"切图是后期拉伸的，因此文件越小越好。在制作"点 9"切图时，要与开发工程师多沟通，多尝试。

### 2. 制作"点 9"切图

　　制作"点 9"切图是一件非常麻烦的事情，此处向用户推荐一个优秀的 Android 设计切图工具，使用该工具可以在线自动生成"点 9"切图。首先在浏览器地址栏中输入 http://romannurik.github.io/AndroidAssetStudio/nine-patches.html，进入网站页面，如图 7-47 所示。

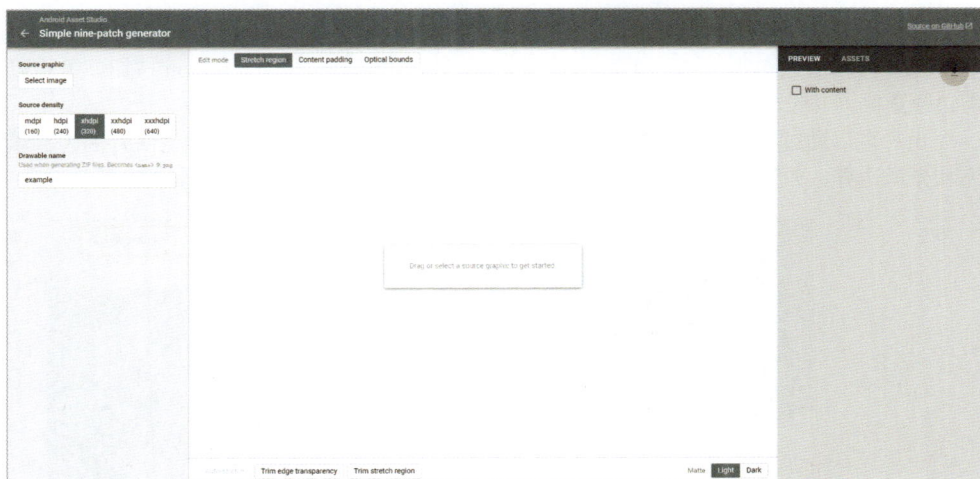

图 7-47　进入网站页面

单击页面左上角的 Select image 按钮，如图 7-48 所示。选择要制作的图片文件后，在 Source density 选项下选择屏幕标准，如图 7-49 所示。

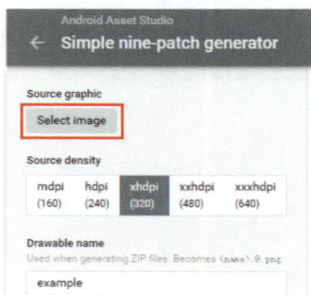

图 7-48　选择图片

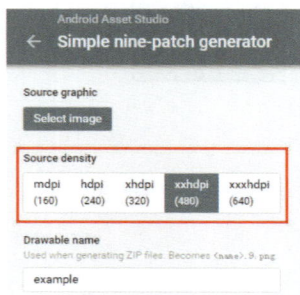

图 7-49　选择输出屏幕标准

提示

该网站支持的图片格式有 PNG、JPG、GIF、SVG 和 ETC。

然后在 Drawable name 选项下的文本框中输入文件名，如图 7-50 所示。在 Stretch region 中单击 Auto-stretch（自动伸缩）按钮，效果如图 7-51 所示。

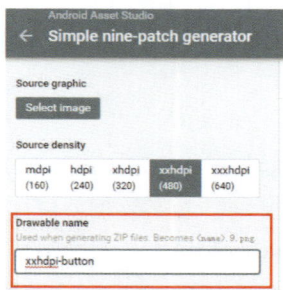

图 7-50　设置名称

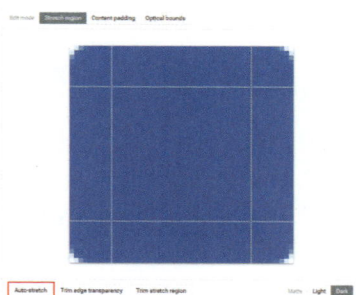

图 7-51　设置自动伸缩

用户可以通过单击下方的 Trim edge transparency 和 Trim stretch region 按钮，进行修剪边缘透明度和拉伸区域等操作，如图 7-52 所示。

用户可以通过单击顶部的 Content padding 和 Optical bounds 按钮，设置图片的内容填充和光学边界，如图 7-53 所示。

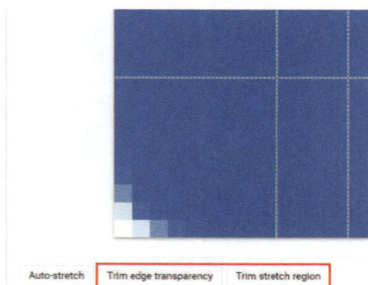

图 7-52　修建边缘透明度和拉伸区域

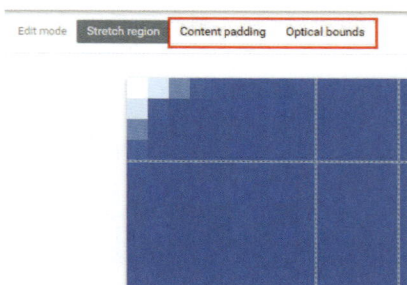

图 7-53　设置内容填充和光学边界

在页面右侧的 PREVIEW 面板中，选择 With content 复选框，可以预览填充内容的效果，如图 7-54 所示。单击右上角的 Download ZIP 按钮，即可下载转换后的图片，如图 7-55 所示。

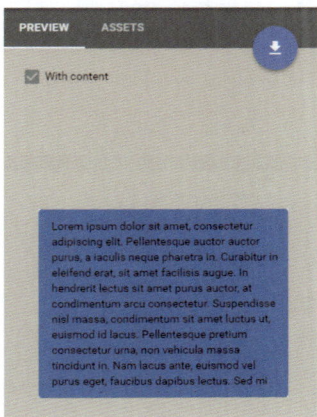

图 7-54　预览填充内容

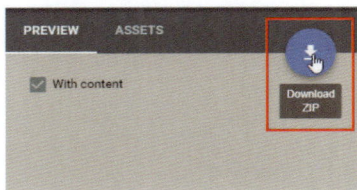

图 7-55　下载转换后的图片

下载的文件是一个格式为 ZIP 的压缩包，解压后可以看到生成的内容，如图 7-56 所示。每个文件夹中存放着对应的"点 9"切图资源，如图 7-57 所示。

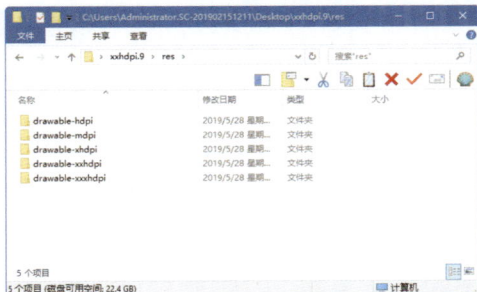

图 7-56　解压后的内容

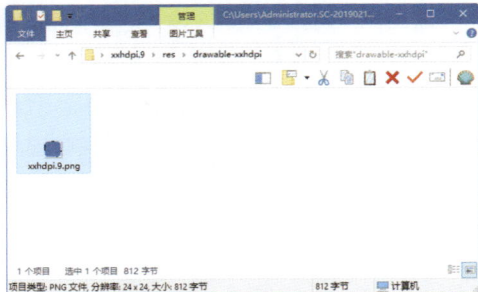

图 7-57　"点 9"切图文件

## 7.3.2　适配输出中的一稿两用

所谓一稿两用，是指设计师只需要设计 iOS 系统的移动 App 设计稿，然后再将 iOS 系统的设计稿适配到 Android 系统设备中。

在 iOS 系统中，通常采用 750px×1334px 的设计尺寸作为基准尺寸，此设计尺寸的屏幕密度已经达到 Android 系统下 xdpi 级别的屏幕密度。750px×1334px 的 @3x 切片资源正好是 Android 系 统 下 xxhdpi（1080px×1920px） 的切片资源。图 7-58 所示为 iOS@3x 与 Android xxhdpi 下图标切片的对比。

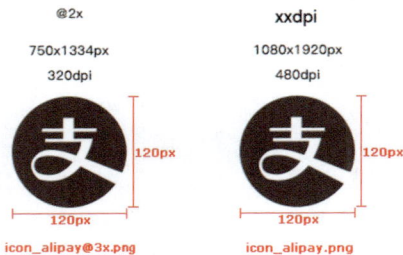

图 7-58　iOS @3x 的切片资源大小 =Android xxhdpi 的切片资源大小

　　在与开发工程师充分沟通后，设计师使用 iOS 的设计稿进行换算后，即可用作
Android 系统开发。

　　设计师也可以将 iOS 系统下 750px×1334px 的设计稿等比例调整尺寸到 Android 系
统的 1080px×1920px 尺寸下，并对各个控件进行调整，重新提供 dp 标注。也就是说，
设计师需要提供两套标注，一套用在 iOS 系统，一套用在 Android 系统。

　　使用 Adobe XD 导出 Android 切片资源时，如图 7-59 所示，会自动生成 6 个 drawable
文件夹，如图 7-60 所示。

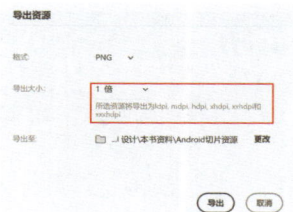

图 7-59　使用 Adobe XD 导出切片资源

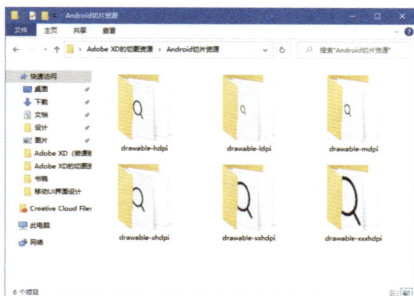

图 7-60　自动生成的文件夹

### 7.3.3　应用案例——完成 Android 系统 UI 界面的切片输出

　　源文件：源文件 / 第 7 章 / 完成 Android 系统 UI 界面的切片输出
　　操作视频：视频 / 第 7 章 / 完成 Android 系统 UI 界面的切片输出 .mp4

**Step01** 启动 Adobe XD 软件，打开"素材 / 第 7 章 /602.xd"文件。选中"自定义大
小"画板中的图片，在"属性"面板底部选择"添加导出标记"复选框，如图 7-61 所示。

**Step02** 将需要作为一款元素导出的对象编组，选择"属性"面板底部的"添加导出
标记"复选框，使用步骤 01 的方法为其余元素添加导出标记，如图 7-62 所示。

图 7-61　打开文件并添加导出标记

图 7-62　为其余元素添加导出标记

　　**Step03** 逐一检查界面中需要导出的元素是否已添加导出标记，执行"文件 > 导出 >
批处理"命令，弹出"导出资源"对话框，设置参数如图 7-63 所示。

**Step 04** 单击"导出"按钮，即可将界面中开发人员使用的素材导出 6 种尺寸，以适配不同分辨率屏幕的设备，如图 7-64 所示。

图 7-63　"导出资源"对话框

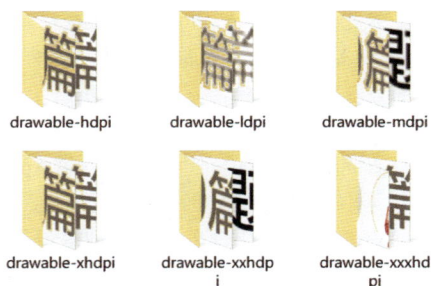

图 7-64　导出 6 种倍率的界面元素

## 7.4　标注移动 App UI 设计

移动 App UI 设计适配输出后，接下来需要对 UI 设计进行标注操作。标注对 App 界面开发人员来说是非常重要的，开发人员能不能完美还原设计稿，很大一部分原因取决于 UI 设计的标注。

### 7.4.1　App 界面标注内容

不需要将每一张效果图都进行标注，多个页面共同的地方可以只标注一次，如导航栏文字大小、颜色和左右边距。标注的页面能保证开发人员顺利进行开发工作即可。图 7-65 所示为完成的页面标注效果。

一般情况下，移动 App UI 设计需要标注的内容有以下几项：

- 文字：字体类型、字体大小、字体颜色。
- 段落文字：字体大小、字体颜色、行距。
- 布局控件属性：控件宽高、背景色、透明度、描边、圆角大小。
- 列表：列表高度、列表颜色、列表内容上下左右间距。
- 间距：控件之间的距离、左右边距。

图 7-65　页面标注效果

### 7.4.2　标注的声明文档

完美标注的设计稿其实是一张准确的工程图纸，能够让开发人员进行像素级还原，所以源文件本身必须经过规范、标准的操作。页面从整体到局部细节，每个元件的摆放位置、大小尺寸、色彩都遵循一定标准，有规律、有章法、有延续性。

移动 App 项目中的通用元素，如背景、基本主色和线条等；常用的模块，如状态栏和标签栏的属性样式，它们都会在每个页面中反复出现，只需统一声明一次，以后就不用重复声明了。

下面选择一个具有代表性的移动 App UI 设计进行说明，如图 7-66 所示。

将声明写成一篇文档、一份表格或一张图，如图 7-67 所示，交给开发人员，就能解决页面中的许多问题。声明中罗列得越详细，后面需要标注的内容就越少。

图 7-66　标注总表配图

图 7-67　声明文档

### 7.4.3　UI 设计的标注规范

用户在为移动 App UI 设计进行标注时，也需要遵循一定的标注规范，使完成后的所有标注都成为有效标注，提高开发人员的工作效率。

#### 1. 位置与尺寸的标注规范

元素的位置标注，只需要标注这个元素在它的父级容器的相对位置，而不是标标它在整个页面中的全局位置，图 7-68 所示为错误的标注方式。因此，通常是先把大模块划分好，然后再标注里面的子元素，图 7-69 所示为正确的标注方式。

由于屏幕规格的多样性，位置与尺寸通常并不是固定的值。用户要会剖析自己的设计稿，了解每个模块的构成。

在垂直维度上，图标、文字和栏目容器等大多数页面元素并未发生变化，页面总高度的增加会让之前无法看全的内容显示更多。所以，垂直高度和垂直距离只需直接标注数值即可，如图 7-70 所示。

图 7-68　错误的标注　　　　　　　　　　图 7-69　正确的标注

但有一样例外，那就是含有可变图片（广告 banner、内容配图等）的容器。当图片宽度拉伸时，为了保持图像比例不变形，高度也会同步拉伸，从而撑高其父级容器的高度。所以，通常不用标注容器的高度，只需标注内部元素之间的垂直间距即可，如图 7-71 所示。也就是说，容器的高度由它的内容来决定。

图 7-70　标注垂直高度　　　　　　　　　　图 7-71　标注内部元素

在水平维度上，页面元素的宽度拉伸适配情况较为复杂，比较常见的有等分适配、百分比伸缩适配和固定一边适配，如图 7-72 所示。

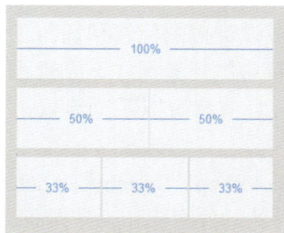

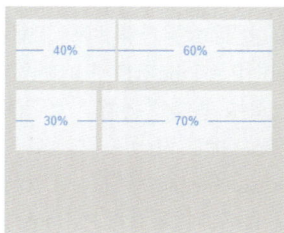

（等分适配）　　　　　（百分比伸缩适配）　　　　　（固定一边适配）

图 7-72　宽度适配情况

在标注横向宽度之前，要弄清楚设计稿采用哪种分割结构，然后再开始标注工作。由于手机屏幕空间有限，从交互体验上来讲，应该不会出现比上述更复杂的结构划分方式。如果有，则说明这个界面设计得过于复杂，需要好好反思优化。

划分完大的模块结构后，接下来开始标注内部的元素。元素在垂直方向上通常都是"居顶"，水平方向上就只有"居左""居中"和"居右"这几种情况。居左的元素只需标注与父级容器的左边距，居右的元素标注右边距，居中的元素只需注明"居中"即

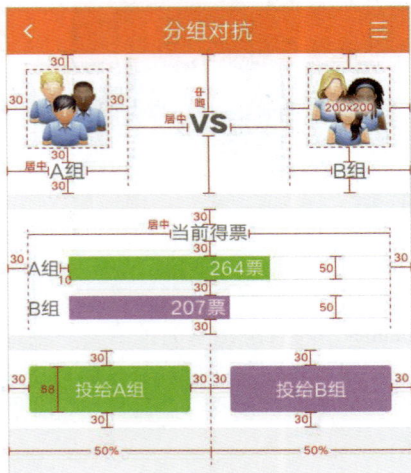

图 7-73　标注内部元素

可，如图 7-73 所示。

**提示**

　　所有标注必须使用偶数，这是为了保证最佳的设计效果，避免出现 0.5 像素的虚边。

### 2. 色彩和文字的标注规范

　　标注的色彩单位使用 Hex 值（如 #fffff）；文字字号单位使用像素（px），同时，如果是多行文本，需要将行高参数标注出来。

　　标注所用的文字和线条色彩，需要与背景图像有较大反差。可以添加描边或外发光效果，便于区分。对于比较复杂的设计稿，可以将其拆分为两份标注页面，一份专门标注位置和尺寸，另一份专门标注色彩与字号。这样做的好处是既互不干扰，又方便阅读。

**提示**

　　界面标注的作用是给开发人员提供参考，因此在标注之前需要和开发人员进行沟通，了解他们的工作方式，标注完成之后宣讲注意事项，以更快捷高效完成工作，并且最大限度地实现视觉还原。

## 7.4.4　常用的标注工具

　　PxCook 和 Assistor PS 都是 UI 界面切图与标注工具软件。PxCook 是一个独立运行的软件，而 Assistor Ps 虽然也可以单独运行，但其需要与 Photoshop 一起配合使用。两个软件的操作方法也不相同，用户可以根据个人的喜好进行选择。

### 1. PxCook

　　PxCook 也被称为像素大厨，主要功能是帮助设计师完成设计稿的标注和切图工作。PxCook 可以对 Photoshop、Sketch 和 Adobe XD 完成的设计稿中的元素尺寸、元素距离进行标注，软件可以在 dp 和 px 之间快速随意转换，所有标尺数值都可以手动设置，用户可以根据自己的具体需求进行设置，提高设计工作效率。

　　PxCook 软件同时兼容 Windows 和 Mac 系统，可以与 Photoshop、Sketch 和 Adobe XD 软件配合，完成精确的切图操作。图 7-74 所示为 PxCook 软件的软件图标和工作界面。

**提示**

　　在使用 PxCook 之前，需要首先在设备上安装 Adobe AIR，否则 PxCook 软件不能正常安装使用。用户可以下载并安装 Adobe Creative Cloud，然后安装 Adobe AIR。

### 2. Assistor PS

　　Assistor PS 是一个功能强大的 Photoshop 辅助工具，它可以完成切图、标注坐标和尺寸、文字样式注释和画参考线等操作，可以为设计师节省很多时间。Assistor PS 不是扩展插件，而是一款独立运行的软件。

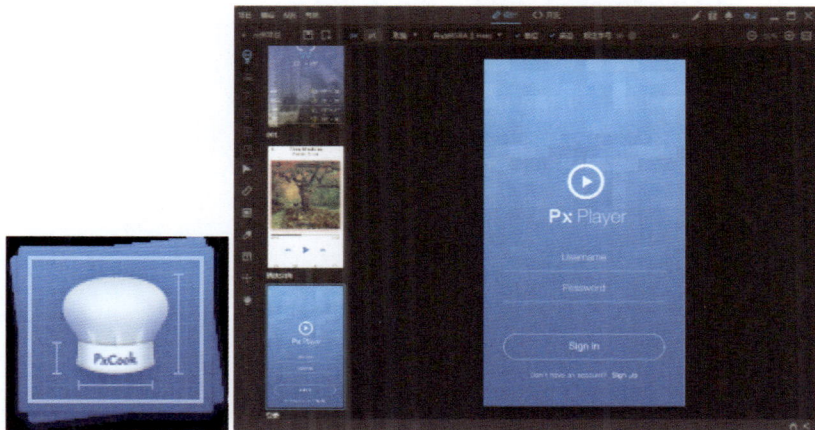

图 7-74　PxCook 软件图标和工作界面

　　Assistor PS 同时兼容 Windows 和 Mac 系统。在 Photoshop 中选择一个图层后，即可使用它的功能。图 7-75 所示为 Assistor PS 的启动界面和工作界面。

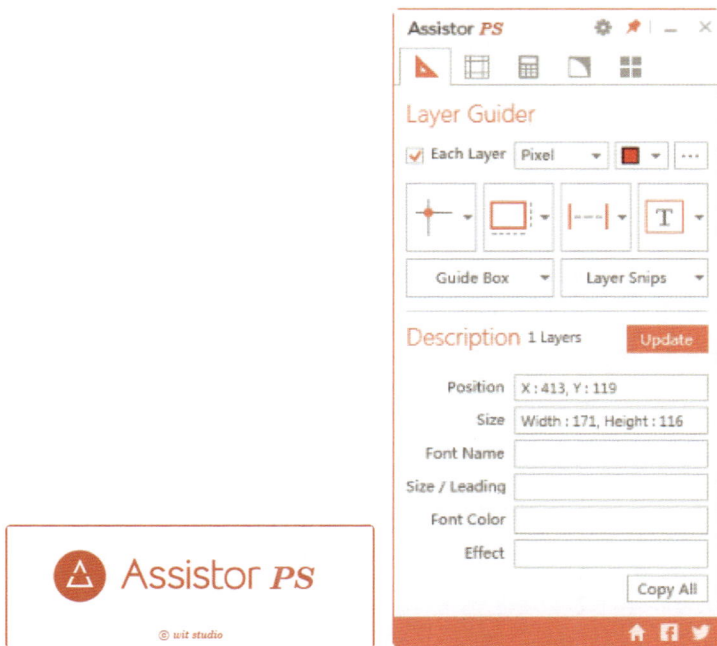

图 7-75　Assistor PS 的启动界面和工作界面

## 7.5　总结拓展

　　使用 Adobe XD 完成 App UI 设计后，为了能够使界面正确显示在不同系统的设备上，需要将设计资源正确输出为不同的尺寸和格式。同时，为了便于开发人员理解设计人员的设计理念，还要对最终设计稿进行标注工作。

### 1. 本章小结

本章主要介绍了使用 Adobe XD 输出切片资源的方法，帮助读者了解并掌握输出适配不同系统资源的方法和技巧。同时，还讲解了移动 App UI 的标注规范和常用工具，并通过案例实操掌握标准流程和技巧。

### 2. 拓展案例——输出并标注 App UI

参考本章所学内容，尝试将本教材中所有案例输出并标注。在充分考虑切片命名规范的同时，完成标注声明文档的撰写。

## 7.6 课后测试

完成本章内容学习后，接下来通过几道课后习题，测验一下读者学习输出 UI 设计资源和 UI 标注的学习效果，同时加深对所学知识的理解。

### 一、选择题

1. 选择对象"属性"面板底部的（　　　）复选框，才能将其导出。

A. 填充　　　　　　　　　　　　　B. 边界

C. 添加导出标记　　　　　　　　　D. 以上都对

2. 在"导出资源"对话框中不能设置的导出资源参数是（　　　）。

A. 格式　　　　　　　　　　　　　B. 倍率

C. 存储地址　　　　　　　　　　　D. 名字

3. Adobe XD 为用户提供了 4 种资源导出格式，分别是（　　　）。

A. PNG、SVG、PDF 和 JPG　　　　B. PNG、iOS、PDF 和 JPG

C. JPG、SVG、TIF 和 JPG　　　　　D. PNG、SVG、PDF 和 TGA

4. 下列选项中，不属于移动 App UI 设计中需要标注的内容是（　　　）。

A. 字体　　　　　　B. 间距　　　　　　C. 名字　　　　　　　　　D. 颜色

5. 在使用 PxCook 之前，需要首先在设备上安装（　　　）。

A. Adobe AIR　　　　　　　　　　B. Adobe Creative Cloud

C. Adobe XD　　　　　　　　　　　D. Photoshop

### 二、判断题

1. 如果想要将多个对象导出为一个资源，用户必须在导出之前将多个对象编成一组。（　　　）

2. 用户的计算机中必须存在安装好的 After Effects 软件，才可以将 Adobe XD 中的选中元素导入到 After Effects 中。（　　　）

3. 选中 iOS 选项，切片资源将被导出为 idpi、mdpi、hdpi、xhdpi、xxhdpi 和 xxxhdpi 的 PNG 格式图像。（　　　）

4. 在输出切片资源时，Android 系统切片需要在命名后加上 @2x、@3x 后缀名。（　　　）